우리는 왜
먹고,
사랑하고,
가족을
이루는가?

CRO-MAGNON TOI-MÊME!
: Petit guide darwinien de la vie quotidienne

by Michel Raymond
Copyright ⓒ Editions du Seuil, 2008, 2011
All rights reserved.
This Korean edition was published by Stairways in 2013 by arrangement
with Les Editions du Seuil through KCC(Korea Copyright Center Inc.), Seoul.

우리는 왜 먹고, 사랑하고, 가족을 이루는가?
인간의 생존, 번식, 유대에 관한 다윈의 작은 가이드

1판 1쇄 발행 2013년 10월 7일
1판 2쇄 발행 2014년 2월 10일

지은이 ● 미셸 레이몽
옮긴이 ● 이희정

펴낸곳 ● 계단
펴낸이 ● 서영준
등록 ● 제25100-2100-283호
주소 ● 서울시 마포구 신수동 85-23
전화 ● 02)712-7373
팩스 ● 02)6280-7342
이메일 ● paper.stairs1@gmail.com

책값은 뒤표지에 있습니다
ISBN 978-89-98243-01-2 03470   .

이 도서의 국립중앙도서관 출판시도서목록(CIP)은 e-CIP홈페이지(http://www.nl.go.kr/ecip)와
국가 자료공동목록시스템(http://www.nl.go.kr/kolisnet)에서 이용하실 수 있습니다.
(CIP제어번호 : CIP2013017749)

인간의
생존,
번식,
유대에
관한
다윈의
작은 가이드

우리는 왜
먹고,
사랑하고,
가족을
이루는가?

미셸 레이몽 지음   이희정 옮김

계단

[일러두기]

· 이 책은 Michel Raymond, CRO-MAGNON TOI-MÊME!: Petit guide darwinien de la vie quoti-
  dienne (Seuil, 2008, 2011)을 완역한 것이다.

· 책과 신문, 잡지는 《 》, 글과 영화는 〈 〉로 나타냈다.

· 이 책에 인용한 성경구절은 《표준 새번역 성경》을 참고했다.

· 인명을 포함한 외래어는 외래어표기법에 따라 표기했다.

· 역자주와 편집자주는 본문에서 작은 활자로 표시했다.

· 굵은 활자로 표시한 부분은 원문에서 이탤릭체로 강조한 부분이다.

한국의 독자들에게

이 책은 진화 메커니즘을 바탕으로 우리 인류를 탐구합니다. 종의 진화는 과학적 현실이며, 진화론의 합리적인 근거에 의문을 제기할 일은 아예 없을 거라고 단언할 수 있습니다. 왜 그럴까요? 과학적인 발견들에는 현재까지 변함없는 진리로 여겨지는 것들이 있습니다. 원자의 구조에 관한 이론, 혈액 순환 이론, 지동설(지구가 태양의 주위를 돌지 그 반대는 아니라는 것) 등이 그렇습니다. 이런 이론들 중 한 가지라도 그들의 합리적 근거에 의문이 제기된다면 현재의 지식 체계 전체가 흔들리게 됩니다. 하지만 그런 일이 벌어질 가능성은 희박합니다. 양자역학 이론에 바탕한 원자폭탄 제조나 혈액 순환 이론을 기반으로 한 의학적 성과와 달 착륙을 이루어낸 우주공학 등 현대 과학이 만들어낸 세상의 모습을 보면 그렇습니다. 진화론의 경우도 마찬가지입니다. 화석의 절대연대는 방사성 동위원소의 비율을 측정해서 계산하고, 종의 다양성은 지각 변동과도 밀접한 관련이 있습니다. 이제 지각 변동은 직접 측정이 가능하지요. 지금은 유전자 분석을 통해 종의 유사성과 친족관계를 확인할 수도 있습니다. 진화론에 반기를 들려면 방사성 동위원소나 지각 변동, 유전학과 같은 다른 과학에도 같은 의문을 제기하여 설득력 있는 주장을 내놓아야 합니다. 하지만 아직까지 그런 결정적인 의문은 나오지 않고 있습니다. 진화론은 과학이 이룬 위대한 성취 중 하나이며, 당연히 교과서에서도 비중 있게 다뤄져야 합니다.

시조새 화석이 최초로 발견(19세기 말)된 이후 여러 가지 논란이 있었습니다. 여러 나라에서 그렇지만 한국에서도 논란이 계속되고 있지요. 시조새 화석은 파충류와 조류의 중간 단계의 특징을 띠고 있는데, 이런 화석을 발견한 것은 지극히 정상적입니다. 이렇게 한쪽에서 다른 쪽으로 옮겨 가는 것은 자연선택이 다양한 방식으로 진행되었기 때문입니다. 조류의 조상이 공룡이라는 사실은 발생학, 유전학, 고생물학에서 확증하고 있습니다. 깃털 달린 작은 공룡 시조새는 어쩌면 조류의 직계 조상이 아니고 사촌뻘일 수 있습니다. 다른 깃털 달린 공룡의 화석들이 점점 더 발견되기 시작하고 있는데, 이들이 아마도 조류의 진정한 조상일 것입니다. 나는 한국 정부가 교과서에 시조새를 계속 싣고 진화론을 가르치기로 결정한 것을 기쁘게 생각합니다.

우리는 왜 먹고, 사랑하고, 가족을 이루는가?

인류에 대해서는 어떤 설명을 할 수 있을까요? 인간과 동물의 행동을 구분해서 설명하는 것이 일반적입니다. 생물학과 인문학을 완전히 구분해서, 따로따로 가르치고 있는 상황에서 공통적인 설명을 찾는 것은 무척 어렵습니다. 인간의 행동을 특별히 구분해서 설명해야 하는 걸까요? 그럴지도 모르겠지만, 그렇지 않은 경우도 많습니다. 이 책에서 다루는 몇 가지 주제는 인간의 행동에 접근하는 흥미로운 방식을 보여줍니다. 예를 들어 우리는 흔히 사춘기가 청소년기에 왕성하게 분비되는 호르몬 때문이라고 생각합니다. 그런데 가족과 역사, 이문화간 조사와 인종간 분석 연구에서는 전혀 다른 결과가 나옵니다. 이 책에서는 인간의 수많은 행동에 대해 신선하고 독창적인 과학 자료를 보여줍니다. 새로운 생각을 이해하기 위해서는 다양하고 구체적인 주장을 봐야 합니다. 이 책은 또한 우리 자신의 삶, 본능, 가족, 식생활, 성적 성향, 의학에 대해 참신하고 다양한 관점을 보여주기도 합니다. 저는 이 책이 사회적인 동물로서, 또한 인간으로서 우리의 삶을 새롭게 들여다 볼 수 있는 거울이 될 수 있을거라 생각합니다.

—미셸 레이몽Michel Raymond

차
례

1

사람들은 왜 단것을 좋아할까
{ 식생활과 그에 대한 조언이 넘쳐나는 세상 }

"야, 너 원시인 같다!"

거나하게 저녁 먹는 중에 식탁에서 누군가 이런 말을 한다면 표정이 굳어지는 사람이 있을지 모르겠다. 하지만 우리의 몇몇 행동들이나 앓고 있는 질병 몇 가지는 그 기원이 선사시대로까지 올라가기도 한다. 동굴 벽에 감탄스러울 만큼이나 정확하게 말이나 물소 떼를 그린 바로 그 크로마뇽인들이 살았던 시대 말이다. 물론 모든 행동이 다 그렇다는 것은 아니다. 농업 혁명이 일어났던 1만 년 전, 혹은 최근 100년 전부터 생긴 행동이나 질병도 당연히 있다. 그래도 원시인 취급을 받으면 기분이 좋지는 않겠지만, 이 말이 칭찬일 수도 있으니까 너무 발끈하지는 말자. 진화한다고 항상 좋아지는 것은 아니니까 말이다.

행동과 사회생활 규칙 등 우리와 관련된 모든 것들은 시간이 흐르면서 진화해 왔다. 우리는 과거의 흔적을 간직하고 있기도 하지만 뿌리째 바뀌기도 했다. 가족이라는 틀은 우리 조상으로부터 물려받았지만 현재의 가족은 우리 조상들의 가족과 비교할 수 없을 만큼 다르다. 식생활도 지난 수 세기에 걸쳐 변화해 왔으며 특히 지난 수십 년 동안 크게 바뀌었다. 의사들의 처방과 치료법은 시대에 따라 바뀌어왔다. 인간의 행동을 이해하는 것은 그 행동들을 결정하는 요인이 무엇인지 알아가는 것까지 포함한다. 지난 수십 년간 생물학자들은 동물을 통해 인간의 행동을 연구해 왔고, 그 중 노벨상 수상자인 생물학자 프랑수아 자코브는 이렇게 말했다. "생물계에 대한 공부를 진화론으로 시작한다면 어린이들의 교육이 훨씬 더 단순해질 것이다." 진화에서 자연선택의 역할을 제대로 알게 되면 생물학을 공부하면서 보다 다양한 측면을 고려할 수 있어 생물계를 한층 깊이 이해할 수 있다.

인간도 하나의 동물이다. 물론 사회적 상호작용에 탁월해 정교한 문화를 발달시키기는 했지만 그래도 진화생물학의 일반적인 규칙에서 한 치도 벗어나지 않는다. 인간 진화의 바탕이 된 과정들을 공부하면서 우리는 이런 질문을 던질 수 있을 것이다. 어떤 특별한 이유가 있었기에 인간은 다른 생물종에 비해 이렇게 두각을 나타낼 수 있었던 걸까? 대형 유인원의 행동에 관한 연구가 깊어질수록 인간과 다른 영장류들 사이에 차이점이 많다는 것이 점점 더 분명해지고 있다. 대부분 미세하고 사소한 그 차이들이 인간과 우리의 사촌을 가르는 데 결정적으로 작용했다는 점도 밝혀졌다. 이처럼 진화생물학이 인간이라는 특수한 경우에도 적용된다고 믿을 만한 이유는 충분하다. 게다가 인간 유전자의 진화는 급속한 인구 증가로 인해 지난 수천 년간 가속화되었다.

종의 진화의 원칙은 인정받기가 힘들었는데, 여러 이유가 있지만 그중에서도 특히 뒤늦게 나타난 종인 인류에 해당하는 부분이 보잘것없었기 때문이다. 발표된 지 150년이 지난 오늘날 종의 진화와 자연선택 원리는 원자나 은하계의 존재만큼이나 확실하다고 여겨진다. 종들은 진화하지만 진화하려고 애써 노력하지는 않는다. 생존과 번식을 위한 개체들 간의 경쟁이 진화의 유일한 원동력이다. 진화는 주로 개체 수준에서 이루어진다. 위장을 잘 해서 포식자의 눈에 잘 띄지 않는 곤충은 동료들보다 생존 확률이 높을 테고, 그 능력을 후손에 더 잘 전해 줄 수 있게 되어 결국 집단 전체에 그 능력이 확산된다.

생존과 번식의 문제까지 고려하면 생물계를 단지 있는 그대로 서술하는 것뿐 아니라, 이유와 원인까지 설명할 수 있다. 예를 들어 왜 토끼는 여우보다 빨리 달릴까? 이 질문에 답하는 첫 번째 방법은 두 동물이 달리는 방식, 키와 몸무게 대비 다리 길이, 혈액 순환 등을 조사하고 토끼가 여우에 비해 달리기에 유리한 해부학적, 혹은 생리학적 이유를 명확하게 밝히는 것이다. 다른 방법은 어떤 동물이 다른 동물보다 빨리 달릴 때 얻을 수 있는 이익을 이해하도록 노력해 보는 것이다. 두 동물은 우선 달리는 이유부터가 다르다. 여우는 먹잇감을 쫓는 것인 반면 토끼는 죽지 않기 위해 달린다. 그러다 보니 달리는 속도가 가장 느린 토끼는 뒤에서 쫓아오는 여우에게 잡아먹혀 제거된다. 이런 단순한 과정이 토끼가 여우보다 빠른 이유를 설명해 준다. 생리학적 이유가 아니라 목적이나 과정을 생각해보는 것이 '진화'생물학이다.

진화생물학은 관찰되는 상황을 어떻게 설명할지를 연구하면서 다양한 생물학적 질문들을 적극적으로 던진다. 이런 방식으로 종의 모든 특성을 알아볼 수 있다. 그 종이 다양한지, 역사는 어떤지, 현 위치는 어디인지, 이전 세대들에 미세하게 다른 형태가 있었는지, 인간의 많은 특성들도 이런 질문들을 통해 밝혀지고 있다.

여러분도 크로마뇽인일까? 물론 그렇다. 크로마뇽인은 우리의 조상이고, 우리는 가장 전형적인 인간적 특성들 중 몇 가지를 크로마뇽인에게 물려받았다. 동물들을 관찰하길 좋아했던 크로마뇽인들이니, 그들도 진화생물학을 좋아했을 것이다.

Cro-
Magnon
toi-
même!

1

사람들은
왜
단것을
좋아할까

● 식생활과 그에 대한 조언이
   넘쳐나는 세상

건강한 식생활이란 어떤 것일까? 답은 쉽게 찾을 수 있다. 신문, 잡지나 책, TV 프로그램에서 조언이 물밀 듯 쏟아져 나오기 때문이다. 수많은 전문가들이 온갖 식이요법을 추천하고 서점에 가면 다양한 관련 책들을 만날 수 있으며 인터넷에도 정보가 넘쳐난다. 상황이 이렇다 보니 사람들은 아는 게 많아야 할 텐데 현실은 오히려 그렇지 않다. 그런 정보들은 애매하거나 모순되기 일쑤고 심지어 건강에 해로울 때도 있기 때문이다.

가장 큰 문제는 식생활에 대한 갖가지 조언들이 실제 먹는 사람들의 건강 상태를 고려하지 않는다는 점이다. 또한 권위 있는 과학계 인사들(예를 들어 의사나 과학자)이 이런저런 조언을 하면서 자신들이 관련 식품업계의 재정적인 지원을 받는다는 사실을 밝히지 않기 때문에 상황은 더욱 혼란스럽다. 이렇게 다양한 당사자들의 모순된 이해관계 속에서 나온 조언들은 우리 건강에 오히려 해가 될 것이 불 보듯 뻔하다. 확실히 도움이 될 만한 조언도 있겠지만, 그걸 도대체 어떻게 알아낼 수 있단 말인가?

거대식품기업들이 자기 회사에 유리한 쪽으로 결론을 내는 경우도 간혹 있기 때문에 과학적인 경고도 믿을 게 못 된다(참고로 말하자면 나는 농식품기업과 아무 관련이 없고 재정적인 후원을 받은 적이 없으며, 가족이나 친구 중에 그쪽 분야에서 일하는 사람도 없고 감정적으로나 도덕적으로나, 직접적이든 간접적이든 그 어떤 식품이나 의약품 판촉에도 관여한 적이 없다). 자, 그렇다면 어떻게 해야 할까?

식생활에 관한 다양한 조언에 진화생물학의 돋보기를 들이대기 전에 몇 가지 꼭 짚고 넘어가야 할 일반적인 사실들을 먼저 알아보자.

자신에게 맞는 음식은 따로 있다

동물들은 모두 저마다 다른 먹이를 먹고 그 먹이의 종류 또한 엄청나게 다양하다. 오로지 피만 먹는 벼룩, 장 속의 음식물 찌꺼기만 먹는 촌충, 날벌레만 먹는 검은등칼새, 플랑크톤이나 크릴새우만 먹는 혹등고래, 이렇게 한 가지 먹이만 고집하는 동물들도 있지만 식성이 까다롭지 않아 다양한 먹이를 먹고 사는 동물들도 있다. 푸른박새는 봄과 여름에는 애벌레와 작은 절지동물을 먹지만 가을 겨울에는 주로 씨앗류를 먹고 산다. 모기는 애벌레 시기에는 다른 생물체의 유기물 조각을 먹고 사는 잔사식detritivore으로 만족하지만, 성충이 되면 과즙이나 꿀 같은 당분을 먹고, 알을 낳을 때가 된 암컷은 동물이나 사람의 피를 빤다. 수리부엉이는 조그만 도마뱀부터 여우까지 가리지 않고 잡아먹는 육식동물이다. 오소리는 토끼, 쥐, 두더지, 개구리, 괄태충민달팽이, 뱀, 사과, 버섯, 포도, 나무딸기, 그리고 알까지 구할 수 있는 건 모조리 먹어치운다.

그럼 이제 검은등칼새에게 과일을, 사자에게 나뭇잎을, 사슴에게 고기를 먹인다고 해보자. 우선 동물들이 먹지 않으려 할 테지만 먹이는데 어떻게든 성공한다면 건강은 차츰 눈에 띄게 나빠질 것이다. 실험을 계속하면 그 동물들은 틀림없이 죽게 된다. 육식동물의 소화체계는 나뭇잎을 소화하기에 적합하지 않기 때문이다.

초식동물은 다른 동물들에 비해 복잡하고 특수한 소화기관에서 섭취한 식물의 조직을 다양한 세균을 이용해 소화하여 에너지와 영양분을 얻는다. 여기에 되새김질이라는 상당히 정교한 과정을 덧붙이는 종들도 있다. 돼지처럼 곡식류를 먹지 않는 동물에게 곡식을 주면 어떨까. 동맥 혈관 내막에 콜레스테롤이 죽처럼 들러붙어 결국 혈관을 막아버리는 죽성동맥경화증아테롬성동맥경화증이 생길 수 있다. 그러나 쥐나 참새처럼 곡식류를 먹는 동물들은 같은 먹이를 줘도 동맥에 아무런 문제가 없다. 토끼에게 단백질을 공급한다고 카제인(우유 단백질)을 주면 콜레스테롤 수치가 올라가서 동맥에 이상이 생길 수 있다. 모기와 비슷한 버섯파리과의 애벌레가 먹고 사는 버섯은 대부분의 포유류에게는 독버섯이다. 이런 예를 들자면 한도 끝도 없다.

단백질을 구성하는 아미노산은 20가지가 있다. 포유류는 그 중 9가지를 체내에서 합성하지 못하며, 이를 필수아미노산이라 한다. 체내에서 합성이 안 되는 9가지 아미노산은 음식으로 섭취해야 하는데, 생물체마다 아미노산의 구성비는 서로 다르다. 식물 중에도 9가지 필수아미노산을 모두 갖고 있지 못한 종들이 있다(예를 들어, 쌀과 밀에는 라이신이 없다). 초식동물은 반추위 같은 소화기관에 있는 풍부한 미생물이 풀을 발효시켜 아미노산을 얼마든지 만들 수 있다. 이는 오로지 식물만 섭취하기 때문에 생기는 생리적인 제약에 초식동물이 독특하게 적응한 결과다.

종이 다르면 식생활도 달라진다. 서부저지대고릴라western low-land gorilla는 오로지 식물(나뭇잎, 과일)만을 먹고 사는 데 비해 침팬지는 매일 고기도 조금씩 먹고 흰개미도 잡아먹는다. 이들 두 영장류는 약 800~900만 년 전에 공통 조상에서 분리된 후로 식생활도 다르게 발전시켜 왔다. 좀 더 일반적으로 말하자면, 공통 조상에서 분리된 동물들도 모두 각자 나름의 식생활을 진화시켜온 것이다. 여기서 한 가지 의문점이 생긴다. 식생활이 적응이라고 해보자. 잘 적응하면 괜찮겠지만 적응하지 못하면 건강에 문제가 생기게 된다.

그렇다면 식생활은 어떻게 진화할 수 있었을까? 인간의 식생활 변화에 대한 구체적인 예를 살펴보면 이 질문에 대한 답을 찾을 수 있다.

우유를 못 먹는 사람들

성인 한 사람에게 큰 잔으로 우유 한 잔을 마시게 해 보자. 그가 동아시아인이나 아메리카토착민이라면 이 우유 한 잔 때문에 꽤 심각한 소화 장애를 겪을 것이다. 포유류의 젖에서 발견되는 성분인 유당(젖당)을 소화할 수 없는 유당분해효소결핍증lactose intolerance 증상이다. 하지만 이들 지역 사람이라도 태어난 지 얼마 안 된 젖먹이에게는 유당분해효소결핍증이 없고, 젖을 떼고 얼마 후부터 이 증상이 나타난다. 대개 이들 지역 성인들 중에 유당분해효소결핍증이 있는 사람들이 많은데, 이는 유당을 분해하는 효소가 특정연령 이후에는 생성되지 않기 때문이며 그 시기는 대개 이유기와 맞물린다. 그런데 유럽인들은 유당분해효소가 충분해 대부분 아무 문제없이 우유를 마실 수 있다. 이처럼 유당을 소화하는 데 차이가 생기는 이유는 순전히 유전자 때문이다. 유럽인이 유당을 소화할 수 있게 된 것은 약 5000년 전 우유를 생산하도록 특화된 젖소 종을 선택해서 키우기 시작하면서부터다. 젖을 짜서 먹을 목적으로 동물들을 길들여 키운 사람들만 유당분해효소가 있다는 사실은 주목할 만하다. 이때 무슨 일이 있었던 걸까?

　우유를 섭취하게 된 과정이 **문화적**으로 어떻게 전개되었는지 확실하게 알려지지는 않았지만 젖소와 인간이 유전적·문화적으로 공진화해 왔음을 분명히 보여주는 연구 결과는 있다. 이 연구에 따르면 유당을 소화할 수 있게 해주는 인간 유전자가 특히 많이 발견되는 지역과 우유를 많이 생산하는 젖소의 유전자가 많이 발견되는 지역이 서로 겹친다. 변화는 점진적으로 이루어졌다. 우유를 잘 소화하는 사람들이 많은 지역일수록 번식을 위한 젖소가 공들여 선택되었고, 그 결과 젖소 한 마리 당 우유 생산량이 늘어나, 세대를 거치면서 자연선택을 통해 우유를 먹는 성인의 수가 늘어나게 되었다. 이러한 과정을 통해 목축 방식도 달라져 인간은 우유를 더 많이 생산하기 위해 송아지는 되도록 빨리 어미젖을 떼게 하기도 했다(고고학 자료에 나오는 내용이다). 그리하여 오늘날까지도 우유를 잘 소화하는 성인이 가장 많은 지역은 젖소의 원산지인 북유럽이다.

　성인이 우유를 먹을 수 있으려면 DNA의 특정부위에서 유당을 분해할 수 있는 효소를 만들어낼 수 있도록 유전적 조정이 일어나야 한다. 이런 유전적 조정이 서로 멀리 떨어진 지역에서 적어도 4번은 일어났는데 약 3000년 전 북유럽에서 1번, 그리고 3000~7000년 전 동아프리카에서 3번 일어났다. 변화 과정은 각기 달랐지만 성인이 우유를 먹을 수 있게 되었다는 생리적인 결과는 비슷하다.

(젖소가 존재한다는) 비슷한 환경에서 진화가 반복적으로 이루어졌다는 것은 자연선택의 가장 확실한 특징이다.

이렇게 총 네 번의 유전자 조정이 있었지만 모든 사람에게 유당분해효소가 생긴 것은 아니다. 유럽에서도 젖소를 가축화한 지역에서 멀어질수록 유당분해효소결핍증이 있는 사람들의 비율이 높아서, 북유럽에서는 10퍼센트 이내지만 프랑스와 스페인에서는 50퍼센트 가량이며 중국으로 넘어가면 99퍼센트에 육박한다.

이렇게 우유를 소화할 수 있도록 점진적으로 유전자가 조정되면서 식생활에도 변화가 생겼다. 송아지들이 어미젖을 빨리 떼도록 하는 목축 기술의 발달과 같은 문화적 변화, 젖소가 우유를 더욱 많이 생산하게 된 유전자 공진화도 이러한 식생활의 변화를 더욱 가속화했다. 그럼 이제, 다른 예를 살펴보자. 수십 년 전에 일어났던 급격한 식생활 변화에 관한 이야기다.

괌은 태평양에 있는 섬으로, 일본과 파푸아뉴기니의 중간쯤에 있다. 수많은 탐험가와 식민지 개척자들이 괌 토착민들의 건강 상태에 대한 기록을 남겼다. 대체로 건강이 좋고 신체 기형이 없으며, 병에 잘 걸리지 않고 수명이 꽤 길다는 평가였다. 이런 내용의 보고서는 1902년에 마지막으로 나왔다. 그로부터 수십 년 후, 주로 남성들이 걸리는 괴이한 질병이 섬을 덮쳤다. 이 병에 걸리면 뇌와 척수의 신경세포가 점차적으로 퇴화하는 파킨슨성 치매와 같은 증상이 나타났다. 1940년부터 이 병은 괌 토착민의 주요 사망원인이 되었다. 오랜 연구 끝에 병의 원인이 밝혀졌는데, 바로 주민들의 식생활이 문제였다. 맨 처음 의심을 받은 식재료가 신경독소인 사이카신이 함유된 남양소철의 열매였다. 사람들은 조리 과정에서 독소를 제거하고 먹지만 박쥐는 남양소철을 그대로 먹어서 독소가 배출되지 않고 박쥐의 몸속에 고스란히 남는다. 문제는 괌 토착민들이 독소를 품은 박쥐를 잡아먹는다는 것이었다. 박쥐는 잡기가 무척 힘들었기 때문에 괌 문화에서는 매우 진귀한 음식이었다. 그러나 섬에 총이 도입되자 상황은 달라진다. 20세기 초 괌에는 박쥐가 5만 마리쯤 있었지만, 사냥으로 잡히는 개체 수가 워낙 적어서 신경 퇴화를 유발할 만큼 먹는 사람도 적었다. 그런데 누구나 총을 쓸 수 있게 되니 박쥐는 졸지에 손쉬운 사냥감이 되었다. 그렇게 50년이 흐르자 괌에서 이 박쥐 종은 채 50마리도 남지 않았고, 토착민들은 신경 질환이라는 재앙에 맞닥뜨리게 되었다. 상황이 이렇게까지 악화된 원인이 무엇일까? 그 때까지 희귀한 음식이었던 박쥐고기가 갑자기 풍부해져서 사람들이 많이 먹었기 때문이다. 토착민들의 이야기를 들어보면 그들이 박쥐고기를 귀하게 여긴 것은 구하기도 어려웠지만 무엇보다 맛이 좋기 때문이었다고 한다. 이처럼 특정 음식 섭취가 갑작스럽게 큰 폭으로 증가하는 식생활의 변화가 생기면 건강과 수명이 커다란 영향을 받는다.

식생활은 일종의 적응이다. 적응은 간혹 특정 지역에 국한되기도 하는데 이를 국지적 적응이라 한다. 진화생물학 분야에서 식생활에 대한 연구가 많이 진전되어 식생활 변화에 따른 영향을 알아볼 수 있는 이론과 자료가 매우 풍부하다. 이를 참조하면 두 가지 예측을 할 수 있다. 첫째, 식생활 변화는 해로운 결과를 일으키며 변화가 클수록 피해도 더 크다. 둘째, 이러한 피해를 점차적으로 줄이기 위해 선택이 개입되는데 변화의 폭이 클수록 선택은 세대를 거듭하여 일어난다.

우유 섭취의 경우에는 어떤 해로운 결과가 있었는지를 알려주는 확실한 정보가 없다. 하지만 유럽 젖소 종의 유전자 데이터를 보면 점진적인 변화가 있었음을 추정해볼 수 있다. 즉 이 경우 식생활의 변화가, 유전적·문화적 변화와 함께 점진적으로 일어났기 때문에 발생한 피해가 매우 적었다는 얘기다. 반면 괌의 경우 변화가 갑작스럽게 일어나 피해가 컸으며 유전적·문화적인 방식으로 피해를 상쇄하기엔 시간이 부족했다. 남획으로 박쥐가 점차 사라지는 바람에 문제가 해결되긴 했지만 진화적 관점에서 보면 몇 가지 다른 시나리오가 가능했다. 남양소철 열매를 먹어도 끄떡없었던 박쥐처럼 괌 토착민들에게도 독소에 대해 유전적인 저항력이 생기거나, 박쥐고기가 별로 맛이 없다고 느끼게 돼서 섭취가 점차 줄거나 독소를 제거하는 조리법을 개발하는 등의 다양한 문화적 관습이 생기는 것이다. 괌 토착민들은 이제 예전처럼 신경질환에 걸리지 않는다. 남양소철이 없는 다른 여러 섬에서 냉동 박쥐고기를 들여다 먹기 때문이다. 예전에는 생각지도 못했던 현대적인 해결책인 셈이다. 이제는 최근 서구 사회에서 일어나고 있는 식생활 변화에 눈을 돌려 보자.

단맛에 감춰진 저주

우리가 보통 '설탕'이라고 부르는 물질은 자당sucrose인데, 포도당glucose과 과당fructose이라는 두 가지 단당류가 결합된 이당류이며 사탕수수나 사탕무에서 추출한 당즙을 정제하여 만든다. 자당, 포도당, 과당은 과일에 주로 많이 들어있는 당분들이며 여기에서는 이 세 가지 당만 다룰 것이다.

우리는 왜 당분을 좋아할까? 영장류의 경우 당분을 찾아내고 즐기는 능력은 평소에 과일을 얼마나 먹는지에 따라 종마다 다르다. 그런데 인간은 전통적으로 당분을 힘을 북돋워주는 귀한 식품으로 여겼으며, 주로 제철 과일이나 꿀을 통해(이렇게 해서 얻은 당분은 주로 과당이다) 어렵게 얻었다. 당분처럼 구하기 힘든 귀중한 식품을 맛있다고 느끼는 것은 우연이 아니다. 그렇지 않다면 굳이 찾지도, 먹지도 않을 것이기 때문이다. 당분은 고급 에너지원이기 때문에 사람들은 단맛에 끌리고 단것을 찾아다니도록 자연선택이 이루어졌다. 흥미로운 건 당분을 찾아내고 즐기는 능력에 관한 자

우리는 왜 먹고, 사랑하고, 가족을 이루는가?

연선택이 주로 과당을 목표로 이루어졌다는 것이다. 그것은 포도당이나 자당보다 과당이 훨씬 달콤하기 때문이다.

오늘날 서구인들의 식생활에서 당분은 상당한 비중을 차지한다. 그런데 유럽에서 설탕을 누구나 손쉽게 섭취하게 된 것은 사실 최근의 일이다. 서남아시아에서 유럽으로 건너간 설탕은 오랫동안 값비싼 치료약으로 대접받았고, 그 후에는 앤틸리스 제도의 사탕수수 플랜테이션에서 조달되는 사치스러운 '양념'이었다. 19세기 중반 프랑스에서 연평균 일인당 설탕 소비량은 약 2킬로그램이었다. 역사학자 알랭 드루아르는 이렇게 설명한다.

"당시 대다수의 프랑스인들은 농촌에 살았는데, 그들의 요리법은 앙시앙 레짐프랑스 혁명 때 타도의 대상이 됐던 구체제, 즉 절대왕정체제 이후에도 거의 바뀌지 않았다. (……) 결정적인 변화가 생긴 계기는 2차 세계대전 후, 농촌 인구가 도시로 대거 흘러 들어가고 산업화가 이루어지면서부터다. 1950년대부터 식생활은 점차 변화하기 시작했다." 1920년에 이미 19킬로그램에 달했던 프랑스의 일인당 연평균 설탕 소비량은 현재 37킬로그램에 이른다. 하루에 각설탕 20개씩을 먹는 셈이다. 매일 먹는 음식 어디에 이 많은 설탕이 숨어 있는 걸까? 멀리서 찾을 것도 없이 여러분이 직접 설탕을 타거나 뿌려먹는 각종 음식물이나 음료(커피, 차, 요구르트, 딸기, 과일 샐러드 등), 설탕이 잔뜩 들어간 잼이나 과일주스, 케이크, 과자, 사탕, 탄산음료를 떠올려 보라. 탄산음료 캔 하나에 각설탕 여섯 개 분량의 설탕이 들어있다.

이처럼 설탕을 다량 섭취하기 시작한 것은 비교적 최근의 일이므로 갑작스런 식생활 변화라 할 수 있다. 국지적 적응 이론을 적용하자면 이런 변화는 건강에 해로운 영향을 미칠 것이다.

설탕을 정기적으로 다량 섭취하면 어떤 결과가 나타나는지에 관해 잘 정리한 의학 연구들이 있다. 설탕이 체내에서 분해되면 혈중 포도당 농도가 매우 빠르게 높아져 고혈당증이 생긴다. 포도당은 귀한 에너지원이긴 하지만 혈중 당의 농도는 일정하게 유지되어야 하므로 체내에서 정교하게 조절된다. 포도당 농도가 지나치게 높아지면 인슐린의 분비가 촉진되는데 인슐린은 포도당이 간과 근육에 저장될 수 있도록 도와주어 혈액 내 포도당 농도를 낮추는 호르몬이다. 고혈당증은 고인슐린혈증^{혈중 인슐린 농도가 높은 상태}을 일으킨다. 고인슐린혈증이 반복되면 그 영향을 줄이기 위한 생리적 반응으로 인슐린 저항성이 생기게 되는데 이것이 바로 제2형 당뇨병이다. 제2형 당뇨병은 비만을 동반하는 경우가 많다. 그런데 인슐린은 간접적으로 성장호르몬과 상호작용하고 성장호르몬은 성장조직에 영향을 준다. 고인슐린혈증이 반복되면 여러 가지 부작용이 생기는데, 특히 성장기에 그 부작용이 심하다. 이러한 부작용이 추가로 계속 밝혀지고 있어서 '엑스 증후군^{syndrome X}'라는 이름까지 붙었다. 설탕이 충치와 비만을 유발한다는 사실은 잘 알려져 있지만, 시력과 피부에까지 나쁜 영향을 미친다는 것은 잘 알려져 있지 않다. 이런 사실은 언론의 조명을 거의 받지 않아서 아마 여러분이 다니는 안과나 피부과 의사에게 물어봐도 잘 모를 것이다.

식생활이 서구화되지 않아 설탕 섭취가 많지 않은 사회로 한번 가보자. 이누이트족이 좋은 예다. 그들은 서구인들 못지않게 책을 많이 읽고 텔레비전을 많이 봐도 근시 비율이 2퍼센트에 불과하고 그마저도 정도가 심하지 않은 가벼운 근시였다. 그런데 이누이트족 어린이와 어른들이 서양식 식생활을 주로 하게 되었고, 그 20년 후 성인이 된 이들 중 60퍼센트가 근시, 상당수가 고도 근시가 되었다. 반면 식생활에 변화를 주었을 때 이미 어른이었던 이들의 근시 비율은 변하지 않았다. 이누이트족의 예는 유사한 수많은 사례들 중 하나일 뿐이다. 서양식 식생활을 도입하면서 겨우 한 세대 만에 근시 비율이 갑작스럽게 높아진 사회들이 꽤 많다. 여러 의학 자료를 보면 고인슐린혈증과 근시의 원인인 안구축의 성장 이상이 서로 관련이 있다고 한다.

16~18세의 유럽 청소년 중 79~95퍼센트가 여드름으로 고민하고 있으니 청소년기는 '여드름기'나 다름없다. 여드름을 뜻하는 프랑스어 '아크네acné'는 그리스어 '아크메akmê에서 온 말로, 그 뜻은 '절정', '사람들이 가장 활발하게 활동하는 시기'이다. 언뜻 보면 문화적으로도 아주 오래전부터 사춘기에는 여드름이 나는 게 당연시된 듯하다. 그러나 사실 이 단어가 생긴 것은 19세기 초에 불과하다. 앞서 살펴봤던 근시의 경우와 마찬가지로, 식생활이 서구화하

지 않은 전통 사회(19세기 이전 유럽도 포함)에는 여드름이 거의 없다. 한 예로 파푸아뉴기니에서 멀지 않은 키타바 섬에서 최근 1200명의 주민을 대상으로 의료 검진을 실시했는데, 우리가 여드름이라고 부르는 피부 증상이 있는 사람은 청소년을 포함해 단 한 명도 없었다. 같은 결과가 나온 다른 전통 사회 집단도 있다. 파라과이의 아쉐족을 대상으로 의사 7명이 843일 동안 주민 115명을 검진한 적도 있는데, 역시 여드름이 난 사람은 한 명도 없었다. 이누이트족도 여드름이라고는 모르고 살았는데, 서구식 식생활을 시작하면서 상황이 달라졌다. 고인슐린혈증과 여드름의 원인인 피지 덩어리의 증가가 관련이 있다는 점을 밝힌 의학 자료가 많이 있다.

반복적인 고인슐린혈증의 부작용은 근시와 여드름뿐만이 아니다. 몇몇 연구 자료에 따르면 호르몬 순환에 이상이 생겨 일부 조직의 성장이 촉진되면서 상피세포(유방, 전립선, 결장)에 암이 생기거나 다낭성난소증후군, 고혈압, 남성 탈모증이 발생할 수도 있다고 한다. 인슐린 저항성에 의해 유발되는 비만과 제2형 당뇨병도 빼놓을 수 없다. 어린이가 매일 탄산음료 한 캔씩을 추가로 먹는다면 비만이 될 확률이 60퍼센트나 더 높아진다. 또한 사춘기 여자아이들의 초경 시기가 빨라지고 성장발육에 문제가 생기는 등 비만의 부작용은 끝이 없다.

당분을 다량 섭취하는 식생활은 갑작스럽고 중대한 변화이므로 건강에 미치는 악영향도 당연히 심각하다. 그런데 식생활은 반드시 환경과 관련이 있다. 환경이 변했는데 식생활이 바뀌지 않는다면 뭔가 어긋나면서 균형이 무너지게 된다. 예를 들어, 운동량이 점점 줄도록 환경이 바뀌고 있으니 최적의 식생활도 전체 섭취 열량을 줄이는 방향으로 바뀌어야 한다. 하지만 현재 상황은 거꾸로 설탕과 기름진 음식을 섭취해 식품 열량은 더 높아지는데 운동량은 점점 줄고 있다. 여기서 우리는 한 가지 결론을 얻을 수 있다. 개인마다 사정이 다르므로 전체를 아우르는 해결책은 없다는 것이다. 열량 높은 식생활은 운동선수에게는 맞겠지만 가만히 앉아서 텔레비전만 보는 사람에겐 비만의 지름길일 뿐이다.

단맛이 나는 모든 식품에 설탕 대신 과당을 넣으면 어떨까. 전통적으로 단맛을 내기 위해 사용되었던 대부분의 식재료에 과당이 들어있다. 예를 들어 꿀은 70~80퍼센트가 당분으로 이루어져 있는데, 과당이 38퍼센트, 포도당이 31퍼센트이고, 자당을 비롯한 다른 당분 비율은 그리 높지 않다. 그러나 설탕을 과당으로 완전히 대체한다 해도 현재 섭취하는 전체 당분의 양을 줄이지 않는다면 고인슐린혈증으로 인한 부작용을 줄이는 데 크게 도움이 되진 않을 것이며 오히려 다른 부작용만 생길 가능성이 더 크다.

감미료는 어떨까? 감미료는 당은 아니지만 단맛이 나는 화합물이다. 이것이 해결책이 될 수 있을까? 감미료의 기원은 흥미롭게도 식물이 포식자를 속일 목적으로 만든 물질이다. 에너지원인 당은 생산하는 데 비용이 많이 들기 때문에, 훨씬 적은 비용으로 단맛만 내는 물질을 만드는 것이다. 왜 이런 '사기'를 치는지 알아보기 위해 식물의 한살이를 살펴보자. 열매 속에 있는 씨앗은 독성 물질로 보호되고 있다. 이는 씨앗에 그 식물의 유전적 미래가 담겨 있기 때문이다. 하지만 씨앗이 싹을 틔우기 위해서는 험난한 장애물을 통과해야 한다. 어미나무 바로 밑에 떨어지면 수많은 형제자매 씨앗들과 치열한 경쟁을 해야 하기 때문에 씨앗은 되도록 먼 곳으로 여행을 떠나야 하는 것이다. 이를 위해 가장 쉬운 방법은 달콤한 과육으로 동물들을 유인해서 씨앗을 운반하도록 이용하는 것이다. 개똥지빠귀가 무화과를 쪼아 먹으면 과육에 촘촘히 박힌 조그만 씨앗들은 개똥지빠귀의 장을 통과해 어미나무에서 먼 곳으로 가서 싹을 틔울 수 있다. 이렇게 또다시 한살이가 시작되는 것이다. 종류는 다양하지만 모든 달콤한 과일들이 같은 목적으로 이용된다. 인간은 마음에 드는 몇몇 종을 선택해 재배하고 달콤한 부분을 더욱 크게 만드는 식으로 개량해 다양한 변종을 만들었다.

식물들은 때때로 자신을 위해 '봉사'하는 동물들에게 당을 보상으로 주기도 한다. 이런 상호작용을 하다보면 당연히 사기꾼들도 생긴다. 보상만 챙기고 아무 일도 해 주지 않는 동물들이 있는가 하면, 단맛은 나는데 열량은 전혀 없는 '가짜 설탕' 같은 쓸모 없는 보상을 제공하는 식물들도 있다. 감미료의 진화적 기원이 바로 이런 '사기' 물질이다.

감미료는 단기간 섭취하면 몸에 그리 해롭지 않은 것 같다. 원래 속일 목적의 물질이기 때문에 금세 의심을 불러일으키지는 않기 때문이다. 그런데 반복적으로 섭취해도 문제가 없을지는 장담하기 어렵다. 몸에 규칙적으로 생리적인 거짓말을 하는 것은 위험할 수 있다. 이에 관해 여러 과학 실험들이 진행 중이며 아직 결론은 나지 않은 상태다. 하지만 이미 나온 결과들은 감미료에 그다지 호의적이진 않다.

효과 없는 항산화물질

서구 사회에서 이제 비타민 문제는 해결되었다. 젖먹이와 어린아이가 먹는 식품이나 음료수 등 여러 제품에 비타민이 들어 있고, 아니면 고함량 비타민 제제를 사 먹을 수도 있다. 노화를 막아준다는 항산화 제품도 있다. 비타민 C나 E, 베타카로틴 식품 보조제를 먹기만 하면 주름이 생기지 않는다! 늙지 않는 것을 한 가지만 꼽는다면 아마도 늙지 않는 삶을 꿈꾸는 마음일 것이다. 그러나 불행히도 여러 나라에서 개별적으로 진행된 모든 과학 연구에서 항산화 보조제는 기대만큼 효과가 크지 않다는 결과가 나왔다. 한 술 더 떠 심각한 병을 유발할 위험이 높다는 생각 밖의 결과도 간혹 나오고 있다.

항산화물질은 많은 음식에 자연적으로 존재하는 화합물로, 우리 몸에 꼭 필요하다. 보통은 과일과 채소를 먹으면 해결가능하다. 이제껏 그렇게 해왔다. 그런데 항산화물질을 정제하여 농축된 상태로 다량 섭취하는 것은 아주 최근의 일이다. 그러니 항상화물질의 좋은 효능이 항상 나타나지 않는다고 그리 놀랄 일은 아니다.

서구 사회에서 유행하는 또 다른 새로운 식품이 있는데 바로 다양한 식물성 기름이다. 원래 서구 사회에서 유일하게 섭취한 식물성 기름은 지중해 인근 지역에서 주로 많이 먹는 올리브유지만 요즘은 해바라기씨, 유채씨, 포도씨, 땅콩, 호두, 대추야자, 심지어 밀씨까지 기름을 짜고, 또 그걸 이리저리 변형하여 수많은 음식물에 넣어 먹는다. 문제는 이런 식물성 기름 대부분에 포화지방과 트랜스지방산이 들어있어 혈중 콜레스테롤 수치를 높이고 심혈관 질환을 일으킬 수 있다는 것이다.

이밖에도 많은 예를 들 수 있겠지만 결론은 같다. 한 가지 식품의 섭취를 단기간에 급격하게 늘리게 되면 대체로 건강에 여러 가지 나쁜 영향을 미친다는 점이다.

로컬푸드가 몸에 좋은 이유

식생활은 문화마다 다르다. 앞에서 다룬 우유의 예에서 보듯 특정 문화권에 속한 사람들은 우유를 섭취하면 꽤 심각한 복통을 앓는

다. 발리 사람들은 유당분해효소가 없어서 우유를 변비약으로 사용한다. 우유와 비슷한 국지적 적응의 예가 또 있을까? 지금은 모든 식품이 국경을 넘나들며 유통되는 시대이기 때문에 이런 질문은 매우 중요하다. 예를 들어 퀴노아quinoa는 전통적으로 남아메리카 고원에서 자라는 곡물로 콜럼버스 발견 이전 남아메리카 식생활의 기본이었다. 잉카 인들은 퀴노아를 '치시야 마마'라고 했는데 케추아어로 '모든 곡물의 어머니'란 뜻이다.

요즘은 프랑스 식료품점에서도 퀴노아를 쉽게 볼 수 있다. 유럽인의 조상은 이 곡물을 전혀 몰랐고 같은 종의 다른 유럽산 곡물을 정기적으로 먹지도 않았다. 그런 유럽인이 퀴노아를 먹는데 건강에 문제가 없을까? 아시아인은 대두를 천 년 동안 일상적으로 먹어왔기 때문에 아무런 문제없이 먹을 수 있다. 하지만 서구인이나 아프리카인도 대두를 마음 놓고 먹을 수 있을까? 반대로 서구인이 즐겨 먹는 밀이나 호밀을 아시아인이 먹어도 아무런 문제가 없을까? 사실 우리는 이런 의문을 더 자주 제기해야 한다.

식물은 초식동물로부터 스스로를 지키기 위해 독성이 있는 2차 화합물을 이용할 때가 많다. 씨앗처럼 에너지원이 함유된 식물의 기관은 포식자들이 특히 좋아하는 표적이기 때문에 방어 분자도 집중적으로 몰려 있다. 살구 씨의 딱딱한 껍데기를 벗겨내면 하얀 알맹이가 나오는데 아미그달린이라는 성분이 함유돼 있어서 쓴맛이 난다. 사과 씨와 체리 씨에도 들어 있는 아미그달린은 독성이 있는 시안화물을 생성하므로 많이 섭취하면 안 된다. 곡물에도 포식자를 효과적으로 물리칠 수 있는 독성분이 있는데 밀에 함유된 렉틴이 그렇다. 대두에는 제니스테인이 있고 퀴노아에는 사포닌이 있다. 한 가지 곡물이 포식자를 방어하는 데 쓸 독성 화합물 수십 가지, 혹은 수백 가지를 함유하기도 한다. 이런 화합물은 인간의 건강에 어떤 영향을 미칠까? 물론 아무런 영향이 없지는 않을 것이다. 렉틴은 호르몬 불균형을 일으킬 수 있고 류마티스성 관절염의 원인일 수도 있다는 의심을 받고 있다. 퀴노아는 사포닌 성분 때문에 두 살 미만의 어린아이에게는 권장되지 않는다. 제니스타인은 에스트로겐 수용체와 상호작용을 하여 호르몬 흐름을 조절하는 데 관여하는 유전자의 발현에 영향을 준다.

한편 식물들의 자기 방어 체계를 교묘히 피해가는 데 성공한 동물들이 자연선택에서 유리한 위치를 차지하면서 식물들도 더욱 정교한 방어체계를 구축하게 되었다. 이런 치열한 경쟁은 특수한 적응으로 이어져, 몇몇 동물들은 특정 식물의 독성 화합물을 해독하는 능력을 갖추고 그 식물들을 섭취할 수 있게 되었다.

따라서 인간도 특정 식품에 대해 국지적 적응을 했을 거라는 추론도 당연히 가능하다. 이런 국지적 적응은 조리법의 개발을 통해 이루어졌을 수도 있다. 식재료를 다듬고 조리하는 과정에서 독성분을 충분히 제거할 수 있기 때문이다. 감자가 좋은 예다. 껍질을 벗기면 표면에 집중되어 있는 솔라닌이라는 독성분을 제거할 수 있고 열을 가해 익히면서 렉틴을 파괴할 수 있다. 그 영향이 좀 더 섬세한 데까지 미치는 조리 기술도 있다. 옥수수 가루를 만들 때 전통적으로 알칼리처리법을 활용하는데, 이는 옥수수를 주식으로 삼을 때 꼭 필요한 방법이다.

만약 알칼리처리법을 거치지 않은 옥수수만 주식으로 먹게 되면 심각한 영양 결핍니코틴산 결핍으로 펠라그라병에 걸리게 된다이 생긴다. 이런 예들을 통해 문화적 차원의 국지적 적응은 잠재적으로 다른 지역으로 전해질 수도 있다는 사실을 알 수 있다. 하지만 특정 지역에서 많이 먹던 식품이 다른 지역으로 전해질 때, 국지적 적응은 유전적 차원에서 건강에 심각한 문제를 일으킬 수 있다. 이런 국지적 적응의 예를 몇 가지 살펴보자.

유럽인들은 다른 지역 사람들에 비해 인슐린 저항성이나 제2형 당뇨병이 덜 생긴다. 서구식 식생활을 가장 먼저 시작한 '원조'격이라 고인슐린혈증에 대해 내성이 생기기 시작해서일 수도 있고 우유를 다량 섭취해서일 수도 있다. 어찌됐든 서구화된 식생활을 하는 비유럽인들은 '엑스 증후군' 증상에 시달리는 비율이 높다. 싱가포르의 중국인 중 82퍼센트가 근시이고, 인도계 영국 여성들 중 52퍼센트가 다낭성난소중후군에 걸리고, 스웨덴에서 자란 젊은 인도 여성들은 스웨덴 여성이나 인도에서 자란 인도 여성들보다 평균적으로 초경을 빨리 시작한다.

매운 고추를 사람들에게 맛보라고 줘 보면 어떨까. 아무렇지 않게 먹는 사람들도 있을 것이고, 매워서 어쩔 줄 모르는 사람들도 있을 것이다. 매운 맛을 내는 분자인 캡사이신을 감지하는 능력의 차이는 본질적으로 유전에 의해 결정된다. 매운 음식을 잘 먹도록 유전적으로 타고나지 못한 사람들은, 훈련을 통해 매운 고추를 참아내는 능력을 어느 정도 키울 수는 있겠지만, 유전적으로 타고난 사람들과 같은 양의 고추를 먹을 수는 없다. 이러한 유전 변이는 캡사이신과 같은 식물들의 다른 방어분자에도 똑같이 적용된다. 따라서 고추를 못 먹는 사람들은 대체로 겨자, 커리, 후추, 자몽에도 비슷한 반응을 보인다. 이러한 유전자가 지리적으로 동일하게 분포된 것은 아니다. 고추를 잘 먹는 사람은 인도 인구의 43퍼센트이고, 지중해 연안 인구의 25~30퍼센트, 라플란드스칸디나비아반도와 러시아 콜라반도를 포함한 유럽 최북단 지역 인구와 일본 인구의 7퍼센트, 서아프리카 인구의 3퍼센트, 북아메리카 나바호 족의 2퍼센트가 해당된다. 이러한 비율은 각 지역의 식습관과 연관이 있다.

자당분해효소결핍증sucrose intolerance은 자당을 소화할 수 없어서 발생하는 질환으로 전통적으로 과일 섭취를 많이 하는 서구 사회에서는 드문 병이다(북아메리카에서는 0.2퍼센트). 그런데 북극처럼 과일이 귀하거나 없는 지역에서는 이 질환으로 고생하는 사람들이 꽤 많다. 그린란드의 이누이트 족은 10.5퍼센트, 알래스카의 여러 토착민 부족들은 그 비율이 더 높을 것이다.

아무나 한 사람을 골라 그의 AMY1 유전자 개수를 세 보자.

이 유전자는 녹말을 분해하는 소화효소인 아밀라아제를 생산한다. AMY1 유전자 개수가 너무 적어 2~5개에 불과하다면 그는 분명 농경에 의존하지 않는 문화권 사람일 것이다. 곡물이나 녹말을 다량 함유한 작물을 정기적으로 섭취해왔다면, 아마도 소화를 쉽게 하기 위해 AMY1 유전자 중복gene duplication이 일어나 유전자 개수가 늘어났을 것이다.

식생활의 국지적 적응과 관련된 다른 예들을 찾아볼 수 있다. 오스트레일리아 토착민(어보리진)과 백인들은 똑같은 오스트레일리아 토착 작물의 덩이줄기tuber를 먹는데 약 4만 년 전부터 전통적으로 이 덩이줄기를 먹어 온 토착민들의 혈중 인슐린 농도가 더 낮다.

식생활의 국지적 적응이라는 개념이 생소한 탓에 아직 확실히 밝혀지지 않은 사례가 수없이 많다. 대두의 경우가 그렇다. 여러 연구가 진행되고 있지만 대두가 유방암 발생을 억제하는지, 악화시키는지 확실한 결과는 아직 나오지 않았다. 아시아인들은 2000년이 넘는 세월 동안 대두를 정기적으로 많이 섭취해 왔다. 그러니 제니스테인의 발암 가능성이나 독성의 영향을 당연히 덜 받을 것이다. 그러나 대두나 콩 가공식품을 먹기 시작한 지 얼마 되지 않은 사람들은 그런 독성이 해로울 수 있다. 이런 가설을 확인하거나 혹은 부인할 수 있는 과학 연구 결과가 아직까지는 충분하지 않다.

설탕은 다윈의 덫

서구 사회에서 최근 벌어지고 있는 식생활 변화는 동물계에서 벌어지는 변화의 한 가지 사례에 불과하다. 다양한 인구 집단에서 관찰되는 갖가지 식생활의 국지적 적응은 좀 더 먼 과거부터 시작된 식생활 변화의 결과지만 최근의 식생활 변화는 유난히 갑작스럽게 이루어졌다. 약 200년 전부터 시작해서 2차 세계대전 후에 가장 두드러지게 나타났는데 이유는 다양하다. 세세하게 파고들 것까지는 없지만 이런 변화에 거대 농식품기업이 한몫을 담당했다는 의혹을 제기하는 사람들도 있다. 식생활사를 연구하는 한 학자는 "설탕 과잉 섭취의 병리학적 영향은 60년대 말에 이미 서로 독립적으로 연구한 과학자들의 연구를 통해 밝혀졌다. 이는 식품회사의 이익이 공공 보건 정책의 실현과 일치하지 않을 수 있다는 점을 여실히 보여준다"고 주장한다. 이렇게 이해가 충돌하는 상황에서 식생활 변화가 갑작스럽게 이루어진 탓에 건강에 미친 영향은 상대적으로 더 컸다.

현재 우리 식생활에 넘쳐나는 당분에 관해서는 흥미로운 부분이 무척 많다. 에너지원이면서 귀했기 때문에 우리는 보다 효율적으로 당분을 찾아내는 방향으로 자연선택되었고 단맛을 좋아하는 성향을 발전시켰다. 그러나 현재 상황에서 단맛을 좋아하는 성향은 "다윈의 덫"이 되어 당분 과잉섭취와 그에 따른 건강 악화를 유발했다. 앞으로는 어떻게 될까? 어쩌면 고인슐린혈증에 저항성이 있는 유전자가 나타나 자연선택으로 확산될 수도 있다. 물론 이런 유전자가 인류 전체로 확산되려면 수많은 세대를 거쳐야 할 것이다. 그렇다면 보다 현실적인 제도적 해결책을 생각해 볼 수 있다. 당분이 첨가된 식품 섭취를 권장하는 광고를 금지하고 가게에서 사탕을 진열하는 것이나 탄산음료 자동판매기 등을 금지하는 법이라든가, 식품회사에 당분이나 감미료 사용량을 점차적으로 제한하는 법을 제정하는 것이다. 아무런 조치도 취하지 않는다면 곧 과체중과 비만이 '정상' 상태가 될 지도 모른다. 몸에 대한 미적 기준이 바뀌고 수명이 단축될 것이다.

　어찌됐든 우리 식생활이 건강에 미치는 해로운 영향을 줄이기 위해 앞으로 문화적, 유전적, 제도적 혹은 개인적으로 어떤 해결책이 나타날지 지켜보는 것은 무척 흥미로울 것이다.

2

의사의 말을 무작정 따라야 할까

● 진화의학

과학 발전을 밑거름 삼아 발달한 의료 기술, 수천 가지 의약품, 시설이 잘 갖추어진 병원. 이런 것들을 다 누릴 수 있는 21세기를 사는 게 얼마나 행복한지! 과거를 돌아보면 의학계에는 수많은 시행착오와 허황한 처방들이 넘쳐났다. 여러 가지 민간요법, 19세기가 되어서야 의사들이 포기한 그 유명한 사혈瀉血요법, 20세기 초중반까지 집중 조명을 받은 우생학의 아류들이 그렇다. 선원들이 음식에 비타민C가 모자라서 괴혈병으로 죽었던 게 불과 200년 전이라는 사실도 잊지 말자. 종두법의 발견, 항생제의 발견, 기생충 생활주기의 이해, 유전학의 발전, 영상의학 분야의 기술적인 혁신 등 의학은 그야말로 눈부시게 발전해 왔다. 우리 조상들은 도대체 어떻게 살았는지, 아니 살아남았는지 궁금할 따름이다.

하지만 이런 화려한 겉모습 뒤에는 '자질구레한' 문제가 잔뜩 감춰져 있다. 멀리 갈 것도 없이 조금만 시간을 뒤로 돌려봐도 '의학적 실수'를 쉽게 찾아볼 수 있다. 1957~1961년에 46개국의 의사들은 임신 초기 몇 달 동안 흔히 겪는 입덧을 가라앉힐 목적으로 임신부에게 탈리도마이드라는 약을 권장했는데 그 때문에 신생아 1만 2000명이 돌이킬 수 없는 사지기형을 안고 태어났다. 1950년부터 30년 넘게 유산을 방지할 목적으로 임신부에게 디에틸스틸베스트롤이 들어간 물질이 처방되었고 그렇게 해서 태어난 아이들 중 일부는 생식기 기형이 있거나 성인이 되었을 때 불임 문제를 겪고 있다. 프랑스에서는 8만 명의 여성들이 이 약물의 영향을 받은 걸로 추산되며(1950년부터 프랑스에서 디에틸스틸베스트롤이 금지된 1977년 사이에 이 여성들의 어머니들이 복용) 전 세계적으로는 수백만 명이 관련 문제로 고통받고 있을 것이다. 의사들의 의견이 불과 몇십 년 사이에 엇갈리는 경우도 종종 있다. 1960년대 말까지 선진국에서는 모유 수유를 권장하지 않아서 모유 수유하는 엄마가 드물었다. 그런데 지금 의학계에서는 다음과 같은 의견을 내 놓으며 전혀 다른 입장을 보이고 있다. "1960년대 이후 수십 년 동안 모유 수유가 재조명되는 상황에서 영유아 식생활을 다각도로 집중 연구한 결과, 개발도상국 뿐 아니라 선진국에서도 모유 수유를 하지 않고 상업적인 모유대용품을 이용하는 경우에 발생할 수 있는 부정적인 영향을 좀 더 명확하게 밝힐 수 있었다."

이러한 의학계의 시행착오를 돌아보면 현재 시행되고 있는 의료행위 중에도 앞으로 수십 년 내에 공개적으로 비난받을 만한 게 있을 것이라는 예상을 쉽게 할 수 있다. 시간 여행이 가능하다면 미래의 의학 지식을 슬쩍 훔쳐 오고 싶다. 지금 의사들이 하는 말을 조목조목 반박하거나, 의사들의 조언을 무턱대고 따르지 않도록 말이다. 그런데 사실 이런 생각이 아주 허황한 것만은 아니다. 시간 여행을 떠나지 않더라도 생물학적 상호작용에 대한 관점을 넓히면 상황을 좀 더 잘 이해할 수 있기 때문이다. 바로 그것이 진화의학의 목표다.

영미 과학계에서 '다윈의학Darwinian medicine'이라는 이름을 붙인 이러한 과학적 접근법은 1991년 처음 등장했고 1995년부터 대중들에게 본격적으로 알려졌다. 간단히 말해 진화의학이란 주로 근접원인proximate cause에 집중하던 기존 의학에 반해, 진화적 원인evolutionary cause에 관심을 갖는 학문이다. 몇 가지 예를 살펴보도록 하자.

감염에 의한 질병

병원체의 공격을 받고 증상이 나타나면 그것이 어떤 병원체이건 간에 이런 의문이 들 수 있다. 그 증상을 병원체가 일으키는 걸까, 아니면 병원체에 대항하는 우리 몸의 반응인 걸까. 광견병 바이러스에 감염된 개는 삼키는 근육이 마비돼 끊임없이 침을 흘리고 공격성이 높아진다. 이러한 행동 양식은 바이러스가 '조종한' 것이다. 개가 사납게 다른 숙주를 물어야 침 속에 잔뜩 들어있는 바이러스들이 다른 숙주의 순환기 속에 파고 들어 확산될 수 있기 때문이다. 바이러스는 그렇게 전파되고 살아남는다. 그래서 각 세대마다 숙주의 행동을 가장 잘 조종하는 바이러스들이 자연선택에 유리하다. 수의사는 광견병에 걸린 개가 침 흘리는 걸 그만두게 한다든가, 진정제를 투여해서 공격성을 가라앉힌다든가 하는 식으로 증상만 공략해서는 개를 치료할 수 없다. 근본 원인은 숙주의 행동을 조종하기 쉽게 개의 뇌에 자리 잡은 바이러스이기 때문이다. 따라서 증상을 없앤다고 병을 치유할 수도 없고, 개의 상태가 더 나빠지는 걸 막을 수도 없다. 그렇다면 증상이 병원체의 조종 때문에 일어나는 것이 아니고 병원체에 좀 더 잘 대항하기 위한 우리 몸의 반응일 경우에는 어떨까?

발열

고열에 시달릴 때 아스피린을 먹는 게 좋을까? 이에 관한 실험이 실시된 적이 있다. 통제된 환경에서 지원자들에게 독감 바이러스를 콧속에 분사하고 절반은 아스피린을 먹게 하고 나머지는 위약僞藥을 먹게 했다. 결과는 아스피린을 먹은 쪽이 더 늦게 나았다. 이를 비롯한 다양한 실험 덕분에 우리는 몸이 병원체와 싸우면서 여러 가지 적응 반응을 나타내며, 발열도 그런 반응 중 하나라는 사실을 알게 되었다. 아스피린을 먹는다든지 해서 열을 인위적으로 내리면 몸의 자연스러운 방어력이 떨어지게 되는 것이다. 항생제가 등장하기 전에는 고열이 몇몇 질병을 치료하는 방법으로 사용되기도 했다. 1927년 한 의사율리우스 바그너-야우렉가 말라리아 원충을 접종해서 수천 명의 매독 환자들의 목숨을 살린 공로로 노벨 생리의학상을 탔다. 일반적으로 매독 환자는 생존율이 1퍼센트 미만이지만, 말라리아에 걸린 매독 환자는 생존율이 30퍼센트가 넘는다. 말라리아로 인한 고열이 매독 균을 죽였기 때문이다. 발열은 정교한 적응 반응이다. 쥐가 세균에 감염되면 자연적으로 체온이 섭씨 2도 올라가는데 세균이 몸속에 계속 머무는 한 바깥 온도가 어떻게 변하든 체온은 계속 정확히 섭씨 2도가 올라간 상태로 유지된다. 감염에 대한 반응으로 체온이 올라가는 것은 파충류, 양서류, 어류, 절지류까지 척추동물이라면 모두 마찬가지다. 즉 체온을 조절할 수 있는 모든 생명체는 감염이 되면 열이 난다.

그러면 열을 치료하지 말아야 하는 걸까? 열을 치료의 대상으로 고려해야 할 상황이 있긴 하다. 병원체가 다른 방법(예를 들어 세균에 감염되었을 때 항생제를 투여한다든지)으로 제어되거나 제거되었을 때 열은 불필요하다. 게다가 열이 나지 않아도 될 상황에서 나는 경우도 있다. 발열 체계가 기계처럼 정교하게 설계된 것이 아니라 병원체가 공격했을 때 열이 나는 방식으로 자연선택되었기 때문이다. 이러한 방어 체계는 상당히 민감해서 엉뚱한 상황에서 작동하는 경우가 있다. 따라서 열이 난다고 반드시 병원체의 공격 때문인 것은 아니다. 또한 발열은 대가를 많이 지불해야 하는 방어법이다. 체온을 평소보다 높게 유지하기 위해 신진대사를 끌어올려야 하기 때문이다.

어쩌면 병원체가 높은 체온에 적응하거나 체온을 높이지 않는 방법을 찾아내는 쪽으로 진화할 수도 있다. 그렇게 되면 의학은 병원체의 종류에 따라 체온을 그대로 유지할 것인지, 내리게 할 것인지, 아니면 발열을 일으킬지를 구분해서 처방하는 쪽으로 발달하게 될 것이다.

물론 발열이 감염에 대한 유일한 적응 반응은 아니며(면역계가 작동할 수도 있다), 적응 반응은 병원체의 종류와 행동양식에 따라 다양하다. 증상을 진단하고 치료법을 제시하는 것은 의사의 일이므로 의사는 병원체가 숙주를 조종해서 나타나는 증상과 몸의 적응 반응에 대한 정확한 지식을 갖추는 것이 매우 중요하다. 앞서 언급했듯, 근본 원인이 따로 있는데 눈에 보이는 증상만 치료하는 것은 효과가 없기 때문이다. 흔히 알려진 것과 다른 적응 양상을 보이는 증상의 사례가 있을까? 불행히도 답은 '있다'이다. 앞으로 이어질 예를 이해하기 위해 우선 계란에 대해 알아보자.

우리는 왜 먹고, 사랑하고, 가족을 이루는가?

철의 전쟁

계란을 하나 집어서 관찰해 보자. 껍데기, 흰자, 노른자, 모두 병아리가 태어나기 위해 필요한 것들이다. 병아리가 숨을 쉬어야 하므로 껍데기에는 작은 구멍이 많이 뚫려 있고 이 숨구멍을 통해 미세한 세균도 쉽게 들어올 수 있다. 그런데도 계란은 쉽게 상하지 않는다. 왜 그럴까? 그것은 계란 속에 매우 효과적인 항균 시스템이 작동하고 있기 때문이다.

세균이 증식하려면 철분이 필요한데, 철분은 병아리는 물론 다른 모든 생물에 필수적인 영양소다. 계란 속에 있는 철분은 모두 태어날 병아리를 위한 것으로(계란 한 개에 약 1밀리그램 함유) 노른자에 집중되어 있다. 흰자에는 철분이 전혀 없는데, 이는 철분과 잘 결합하는 단백질인 콘알부민^{conalbumin}이 들어 있어서, 흰자에 혹시 있을지도 모르는 철 분자는 콘알부민에 달라붙어 세균이 접근하기 어렵게 된다. 따라서 계란 껍데기를 통과한 세균은 철분이 전혀 없는 사막 같은 환경에 맞닥뜨리게 되어 제대로 증식할 수 없게 된다. 이런 시스템은 무척 효과적이어서 긁히거나 베인 상처를 소독하는 살균제로 계란 흰자를 사용하는 전통 치료법도 있다. 물론 이런 시스템은 오랫동안 점진적으로 정착되었기 때문에 세균도 나름대로 대응책을 마련했다. 철분의 농도가 아주 낮더라도 효율적으로 흡수하는 시스템을 갖추었다. 철분과 잘 결합하는 콘알부민은 계란 흰자 질량의 12퍼센트를 차지한다. 살아남으려고 안간힘을 쓰는 숙주와 어떻게든 증식하려는 세균 사이에서 철분 흡수는 죽느냐 사느냐를 판가름 짓는 매우 중요한 문제다. 그렇다면 인간의 경우는 어떨까?

계란의 콘알부민처럼 철분과 결합하여 세균이나 다른 병원체들이 사용하지 못하도록 하는 단백질이 인간에게도 몇 가지 있다. 혈장 속에 있는 트랜스페린transferrin이 그렇다.

지원자들에게 병원균을 주입해 보면 체온이 오르거나(발열), 혈장 철분이 감소하는 두 가지 생리적 반응이 나타난다. 발열은 침입한 병원균과 좀 더 잘 싸우기 위한 적응 반응이며 혈장 철분 감소는 계란의 예에서 보듯 트랜스페린이 철분을 끌어당기기 때문이다. 어떻게 확신할 수 있느냐고? 기생충에 감염된 사람들에게 철분약을 줘 보면 알 수 있다. 예전에 의사들이 아프리카 사람들의 철분 농도가 비정상적으로 낮은 걸 보고 영양상태가 나빠서 그렇다고 생각해 철분약을 나눠준 적이 있었다. 여러 부족에게 주었는데 그 중 마사이 부족민들은 1년 동안 철분 6.2그램을 추가로 복용했다. 철분보충제를 먹기 전 마사이 인들의 혈장 철분 농도는 매우 낮았고 트랜스페린 포화도트랜스페린이 철 이온과 결합하는 정도로, 정상인은 20~50퍼센트 수준이다는 0에 가까웠다. 그런데 사실 이러한 수치는 기생충과 매우 빈번하게 접촉하는 환경 탓에 혈장 철분 농도가 자연적으로 낮은 수준으로 조절되었기 때문이었다. 1년간의 실험이 끝난 후, 철분보충제를 복용하지 않은 그룹은 아메바성 질환에 9퍼센트밖에 감염되지 않았는데 복용한 그룹은 83퍼센트가 감염되었다. 또한 복용하지 않은 그룹은 말라리아에 단 한 명도 감염되지 않았는데, 복용한 그룹은 17퍼센트가 감염되었다. 철분을 보충함으로써 기생충 질환이 크게 증가한 것이다. 비슷한 상황에서 실험을 진행하며 같은 결론을 얻은 연구가 이밖에도 수없이 많다. 낮은 철분 농도가 실제 결핍에 의한 것이라, 철분 보충이 권장되는 경우도 있긴 했다. 하지만 자료를 좀 더 폭넓게 검토할 생각도 하지 않고 혈장 철분 농도가 낮은 것만 보고 곧바로 '비정상적'이라 여기고 철분부터 보충하게 되면 기대와는 정반대의 결과가 나타날 수 있다.

임신부와 모유

임신한 여성의 몸 상태는 매우 독특하다. 태아라는 '외부물질'을 몸속에 항상 품고 있기 때문이다. 병원체의 침입에 즉시 대응할 준비가 되어 있던 면역계는 태아를 공격하지 않기 위해 경계를 늦춘다. 그래서 임신부는 면역적 관용 상태im-munologically tolerant다.

이렇게 면역에 의한 거부 반응이 유보된 기간 동안 병원체의 공격을 막기 위해 다른 형태의 방어체계가 작동한다. 예를 들어 특정 음식을 선호하게 된다든지, 기생충이 많은 음식을 피하게 된다든지 하는 것이다. 임신부는 혈장 철분 농도 또한 감소한다. 현재는 이러한 철분 감소를 적응 반응이 아니라 결핍으로 간주해 임신부들에게 철분보충제 복용을 권장하고 있다. 그런데 철분을 반드시 복용해야 하는 극단적인 결핍 상태가 아니라면 철분보충제 복용이 어떤 결과를 가져올지에 대한 연구가 아직 더 필요하다.

한편, 아기는 철분을 포함해 성장에 필요한 영양소라면 뭐든 다 섭취해야 한다. 하지만 병원체로부터 아기를 보호하지 않고 철분을 무턱대고 보충하는 것은 무분별한 행동이다. 모유에는 락토페린lactoferrin이 다량 함유되어 있는데(단백질 총함유량의 20퍼센트, 1리터당 1~4g), 이 단백질은 계란의 콘알부민, 혈장의 트랜스페린과 같은 특성이 있다. 철분과 결합하여 병원체가 이용하지 못하도록 하는 것이다. 모유에는 철분도 함유되어 있는데 이 철분은 행여 병원체에게 빼앗길까 봐 하나하나 꽁꽁 싸여 있다. 모유 속에 직접 사용 가능한 철분이 드문 것은 일종의 적응이라는 사실을 여러 실험이 확인해 준다. 젖먹이들에게 철분을 투여하니(몸무게 1킬로그램당 10밀리그램) 패혈증과 뇌수막염에 걸린 비율이 7배 증가했다. 4~9개월 된 젖먹이들에게 철분보충제를 주었더니 장염에 걸린 비율도 높아졌다. 이러한 실험들은 모유에 부족한 철분을 결핍으로 보고 그 결핍을 채울 '좋은 의도'로 실시되었다. 그러나 아기는 락토페린과 결합된 형태의 모유 속 철분을 아주 잘 소화하고 흡수한다. 아기가 모유만 먹더라도 빈혈로 고생하는 일은 거의 없다. 반대로 모유수유를 하면서 우유 등 외부 음식물을 더하면 모유 속 철분의 흡수율이 크게 떨어지므로 철분을 보충해주어야 한다. 젖먹이들은 락토페린과 결합하지 않은 철분을 흡수하는 능력이 매우 약하므로 보충하는 철분의 양이 아주 많아야 한다. 그렇게 되면 병원체로부터 보호하기 위해 매우 정교하게 설계된 모유 속 철분 공급 시스템이 무너지게 된다.

모유의 영양에 변화를 주는 건 심각하게 생각해야 할 문제다. 젖의 성분은 포유류 종마다 다르다. 송아지냐 인간의 아기냐에 따라 젖 속의 단백질과 지방의 비율이 달라지는 것이다. 머리에 비해 상대적으로 몸의 근육량이 많은 송아지는 지방보다 단백질이 더 많이 필요하며 조그만 몸에 비해 상대적으로 머리가 큰 아기는 단백질보다 지방이 더 많이 필요하다. 그래서 우유에는 1리터당 단백질이 약 32그램이 들어있지만, 모유에는 1리터당 8~9그램 밖에 함유되어 있지 않다. 각 종마다 새끼들의 체형과 서식 환경이 다르기 때문에 생리적으로 필요한 것이 저마다 다르며 그에 맞춰 젖의 성분도 제각기 다르다. 자연선택의 과정은 이렇게 각 종의 특성에 최대한 맞춰 이루어졌다. 어떤 영양소가 더 필요한지, 기생충은 어떻게 제거해야 할지에 따라 자연선택이 강력하게 작용했고 젖의 성분이 섬세하게 최적화되었다.

최근에는 환경도 많이 변하고, 특히 기생충 접촉이 현저하게 줄어들었기 때문에 젖의 성분 중 몇 가지는 더 이상 최적 수준이 아닐 수도 있다. 그러나 젖의 구성성분을 최적화하는 전반적인 규정이나 과학적 기준이 아직 없으므로 젖의 구성 성분을 바꾸자고 제안하는 건 그리 타당하지 않은 듯하다. 하물며 '개선'을 이야기하는 것은 더욱 적절치 않아 보인다.

너무 깨끗해서 생긴 병, 알레르기

시간여행을 할 수 있다면 2차 세계대전 전으로 돌아가 약국에 들러 약사에게 꽃가루 알레르기 약을 달라고 해 보자. 약사는 휘둥그레진 눈으로 뭘 달라고 했는지 다시 한 번 이야기해 달라고 할 것이다. 약사가 귀가 어둡기 때문이 아니라 '알레르기'라는 단어를 몰라서 그런 것이다. 프랑스에서 '알레르기allergie'라는 단어는 1934년 판 《키에Quillet》 백과사전에 오르지 않았고 1948년 판 《프티 라루스 그림 백과사전 신판Nouveau Petit Larousse illustré》에도 마찬가지였다. 그 약사는 알레르기라는 게 무슨 증상인지도 모를 것이다. 알레르기란 단어와 그 단어가 가리키는 증상들은 최근 수십 년 사이에 대거 등장했기 때문이다. 알레르기는 '알레르겐(알레르기를 일으키는 물질)'이라는 특정 물질을 접하면 나타나는 면역계의 독특한 반응이다. 현재 알레르기는 실질적인 사회 현상으로 떠오르고 있으며 프랑스에서는 약 30~40퍼센트의 어린이와 청소년이 알레르기로 고

생하고 있다. 도대체 무슨 일이 벌어진 걸까? 일부 알레르기의 원인(근접 원인!)으로 지목받는 봄철 꽃가루는 요즘 들어 새롭게 등장한 것이 아니다. 현대의 꽃가루는 알레르기를 일으키는데 왜 예전에는 그러지 않았을까? 고양이털이나 진드기는? 배, 새우, 계란, 견과류 등 목록이 끝도 없이 늘어나고 있는 각양각색의 음식 알레르기는? 예전에 비해 무엇이 바뀌었길래? 그리고 도대체 알레르기의 진화적 원인은 무엇일까? 목숨을 위협하는 아주 심각한 상태까지 이르게 하는 일부 알레르기는 적응이 아닐 수도 있다. 그렇다면 적응일 수도 있는 알레르기가 있다는 건가?

우리의 면역계는 성능이 탁월한 전쟁 무기이다. 작동하는 과정도 무척 복잡해서 오늘날까지도 전 과정을 완전히 다 아는 사람이 아무도 없으며 간간이 새로운 정보를 발견하고 있을 뿐이다. 면역계는 특히 학습과 기억을 할 수 있는 복잡한 수단을 갖추고 있는데, 그 덕분에 어린 시절에 방어 체계를 더 발달시킬 수 있다. 전통적인 일상과 비교해 현대 생활의 특징 중 하나는 기생충이 현저하게 줄어든 것이다. 예전 아이들은 마당에서 흙을 만지며 놀고 병아리 뒤를 졸졸 쫓아다니거나 소 젖 짜는 걸 돕기도 하면서 수많은 미생물과 끊임없이 접촉했다. 먹는 물에도 미생물이 잔뜩 들어있어서 면역계가 계속해서 자극을 받았다. 알레르기는 좀처럼 기생충에 접하지 못하는 현대 생활의 결과인지도 모른다. 고도로 효율적인 전쟁 무기인 면역계가 적을 만나지 못하다 보니 엉뚱한 신호에도 반응을 보이는 것이다. 이런 가설에 따르면 알레르기는 '부적응 반응maladaptive response'인 셈이다.

기생충 가설을 뒷받침해 주는 다양한 실험 결과가 있다. 크론병의 경우가 특히 인상적이다. 소화관 전체에 염증이 생길 수 있는 심각한 만성 질환인 크론병을 앓고 있는 지원자들에게 6개월 동안 3주에 한 번씩 캡슐에 넣은 돼지 편충 알 2500개를 삼키게 했더니 다수의 지원자들에게서 증상이 줄어들거나 사라졌으며 어떤 부작용도 나타나지 않았다고 한다. 돼지 편충은 인간의 장에서는 자리 잡지 못하지만, 장속에 있는 동안 면역계를 자극해서 크론병을 낫게 한 것이다. 기생충을 이용한 질병 치료가 유망한 것으로 밝혀지자 오늘날 이 분야에 대한 연구가 활발하게 진행되고 있다. 다양한 종류의 기생충들을 여러 가지 다른 상황에 시도해 보거나, 전통적인 환경에서 얻을 수 있는 다양한 미생물에 적용해 보려고 탐색하고 있다. 기생충이 알레르기를 치료할 수 있다면, 기생충을 치료했을 때 알레르기가 발생하는 경우도 있지 않을까? 실제로 가봉에서 그런 일이 있었다. 기생충에 걸린 어린이들을 치료하고 1년 동안 지켜봤더니 피부 알레르기가 생긴 것이다.

몇몇 현상은 기생충 가설을 적용하면 쉽게 설명할 수 있다. 어린이집에 다니는 아이들이 다니지 않는 아이들보다 알레르기가 덜한 것은 역시 여러 아이들과 만나면서 더 많은 병원체를 접하기 때문이다. 반려동물이 있거나 시골에서 사는 경우와 둘째로 태어난

아이들이 알레르기를 덜 앓는 것도 여러 다른 원인이 있겠지만 병원체에 접할 기회가 높다는 공통점을 찾을 수 있을 것이다. 둘째 아이는 태어날 때부터 첫째 아이와 함께 지내기 때문에 첫째 아이가 어릴 때는 접하지 못했던 병원체를 어려서부터 접하게 된다.

면역계가 이렇게 복잡하다는 것은, 그것이 자연선택의 결과물로, 반드시 어떤 기능을 갖고 있다는 말이다. 면역에 대해서는 그 기능이 어느 정도 알려져 있다. 모든 복잡한 기관이 다 마찬가지다. 어떤 한 기관이 복잡하다는 것은 그 기관이 특정 기능을 갖고 있다는 확실한 증표이기 때문이다. 알레르기 반응은 '면역글로불린E^{IgE}'라는 특정 분자가 개입해서 생기는데 이 분자는 알레르기 반응을 일으키는 것 말고 다른 기능은 없는 듯하다. 특정한 조건에서 생성되는 이런 분자가 존재한다는 것은 알레르기 반응이 적응이라는 것을 말해준다.

하지만 오늘날 관찰되는 알레르기를 적응 가설로만 설명하려는 건 좀 무리가 있어 보인다. 목숨을 위협한 만큼 상태가 아주 심한 알레르기는 부적응maladaptation의 결과임이 확실해 보이는데, 한편으로는 계란 흰자 알레르기처럼 사소한 알레르기도 많기 때문이다. 또한 알레르기는 무척 정교한 적응 반응인데 최근 갑작스럽게 환경이 변화하고 있는 탓에 원래대로 작동하지 않고 있는 것일 수도 있다. 환경 변화가 몸의 방어 체계를 교란해서 이해할 수 없고 부적절한 방식으로 작동하게 만들고 있는지도 모른다.

수많은 박테리아, 바이러스, 편형동물, 원생동물은 수천 년 동안 우리 생태계의 일원이었지만 현대의 도시 환경에서는 사라지거나 보기 드물어졌다. 항생제, 구충제, 염소 소독제, 철저한 위생관리가 이들을 몰아냈다. 물론 지난 수십 년 동안 사회의 모습도 많이 바뀌었고 이에 따라 알레르기의 주범으로 다른 원인들이 지목되기도 한다. 모유 수유를 하면 알레르기 발생률이 감소하는데 이는 모유 속에 있는 항체가 아이의 면역계를 형성하는 데 도움을 주기 때문인 듯하다. 20세기 중후반에 알레르기가 대거 늘어난 데에는, 간접흡연의 영향도 있겠지만, 분명 수유 방법의 변화도 한몫했을 것이다. 서구에서는 일상에서 마주치는 다양한 미생물과 병원체가 현저하게 감소했기 때문에 알레르기가 생긴다고 설명한다. 또한 우리가 숨 쉬는 공기의 질이 나빠진 것을 비롯한 급격한 환경 변화 때문이라고도 한다. 미래에는 아마 알레르기가 진화적 적응 때문인지 아닌지 즉시 판별해 내고 거기에 맞춰 처방하는 의학이 등장할지도 모른다. 확신하는데, 앞으로는 다양한 기생충의 추출물을 이용한 약도 늘어날 것이고, 우리의 면역계가 나름 발달시킨 독특한 적응방식을 모방하여 미생물이나 기생충 추출물을 약으로 처방하는 일도 점점 늘어날 것이다.

1766년 카사노바는 권총 결투 중에 총알이 왼손을 뚫고 지나는 부상을 당했다. 상처 자체는 그리 심하지 않았지만 나흘 후 팔이 온통 퉁퉁 부어올랐고 의사 세 명이 모두 괴저라고 진단했다. 의사들은 다음 날 이대로 두면 팔을 자를 수밖에 없으니 그날 저녁에 당장 손을 절단해야 한다고 충고했다. 카사노바는 손이 없는 팔로 어떻게 살아야 하나 하는 생각도 들었겠지만, 무엇보다 의사들을 믿지 않았기 때문에 거절했다고 한다. 다음 날 팔은 두 배로 부풀었고 의사들은 어서 팔을 잘라야 한다고 재촉하다 집밖으로 쫓겨났다. 18개월 후, 카사노바는 완전히 회복된 팔과 손을 자유자재로 사용하며 여성 편력을 계속해 나갈 수 있었다. 이러한 의학에 대한 불신은 이제 사라졌다. 정형외과학이 기적이라 할 만큼 눈부시게 발전했기 때문이다. 20세기 중후반이나 21세기의 의사에게라면 카사노바도 부상당한 손을 아무 걱정 없이 맡겼을 것이다. 아무래도 췌장이나 심장보다는 팔다리가 어떻게 기능하는지 관찰하기가 더 쉽다. 바로 그러한 이유 때문에 역사를 돌아보면 인체 내부에 있는 장기보다 외부의 사지四肢에 대한 수술법이 더 빨리 발전했다.

이렇듯 다루는 분야마다 발전하는 속도가 달랐으므로 의술 역시 분야마다 그 발전의 정도가 다를 수밖에 없다. 따라서 의학의 역사를 되돌아 볼 때 일부 분야의 수준이 낮았다고 다른 분야의 눈부신 성공까지 싸잡아 깎아내려서는 안 된다. 하지만 실패를 조명하는 것도 나름 쓸모 있는 일이다. 역사적으로 의사들은 대체로 남성이고, 따라서 여성의 질환과 생리적 문제에 관해서는 당연히 이해가 떨어질 수밖에 없다. 그런 점이 의료행위에는 어떤 영향을 미쳤을까?

피임

피임약은 얼마나 대단한 발명품인지! 피임약 덕분에 마침내 성이 해방되고 무르익게 되었다. 난자와 정자가 뜻하지 않게 수정되지는 않을까 하는 걱정 없이 쾌락과 번식을 마음대로 분리할 수 있게 되었으니 말이다. 원치 않던 아이를 갖지 않으려 성관계를 삼가야 했던 우리 조상들을 불쌍히 여기자. 진보는 확실히 존재한다. 60년대 초반 현대적 피임약이 처음 도입되었을 때부터 사람들은 피임약에 대해 이런 이미지를 갖고 있었다. 자, 이제는 이러한 생각을 한 번 되짚어 보자.

피임과 낙태 같은 출산 조절은 여성의 생리적 구조와 관련된 문제이며 그 근원은 고대 그리스 로마 시대까지 거슬러 올라간다. 고대 그리스의 유명한 의사 소라노스, 디오스코리데스, 히포크라테스가 쓴 책들을 보면 피임약의 상세한 제조법이 나온다. 기원전

1550년 무렵에 작성된 고대 이집트의 의학서인 《에베르스 파피루스》에도 유사한 제조법이 적혀 있는데, 이는 그보다 1000년 전에 쓰인 문서를 베낀 것으로 보인다. 이 의사들은 모두 지역 주민들을 직접 만나고 다니면서 그런 지식을 수집했을 것이다. 지금의 리비아에 위치한 고대 도시 키레네에 피임에 특효가 있다고 알려진 약초가 있었다. 학명이 페룰라 히스토리카*Ferula historica*인 아위속의 식물로 고대인들은 실피움*silphium*이라고 불렀다. 수세기 동안 실피움은 키레네의 주요 수출품이었다. 그런데 기원전 5세기에는 높은 수요에 비해 공급이 달려서 가격이 천정부지로 솟았고 작물화 시도가 번번이 실패하면서 희귀해지기 시작했다. 그로부터 500년 후에 실피움은 거의 찾아 볼 수 없게 되었고 2~3세기 무렵에 멸종하고 말았다. 실피움은 멸종되었지만 비슷한 종류인 페룰라 코뮤니스*Ferula communis*나 아위*Ferula aasafoetida*는 지금도 흔히 볼 수 있다. 현대 과학자들은 아위에 월경을 촉진하는 성분이 들어있다는 사실을 밝혀냈으며, 유효 성분인 페루졸*ferujol*을 분리해 냈다. 동물 실험을 해 보니 페루졸은 100퍼센트 피임 효과가 있었다. 한편 아시아산 아위인 페룰라 모샤타*Ferula moschata*는 중앙아시아에서 여전히 전통적인 낙태약으로 사용되고 있다. 고대 사회에서 실피움의 인기는 피임약으로 효과가 좋았기 때문이고 그 인기 때문에 멸종되고 말았다. 실피움의 멸종은 키레네의 경제는 뒤흔들었겠지만 피임약을 제조하는 데 쓰이는 다른 약초들이 많았으므로 피임에는 아무런 문제가 없었다.

중세 시대에 처음으로 의과대학들이 생겨나기 시작했다. 의과대학은 남자들만의 영역이었다. 현직 남자 의사들이 장차 의사가 될 남자들을 가르치는 수업에서 피임법은 전혀 다루지 않았다. 이렇게 새로운 방식으로 의학 지식을 전수 받은 의사는 전통 피임법에 대해서는 까막눈이나 다름없었다.

거기에 교회까지 끼어들어 태아의 영혼까지 구원해야 하니 피임이나 낙태는 불허한다는 단호한 입장을 보였다. 그러나 민간에서 피임법은 여성들의 입에서 입으로 전해졌고 여전히 그 맥이 끊기지 않고 있다. 2005년 알프스의 한 전통 마을에 조사를 나간 적이 있는데 그 마을은 조상 대대로 내려오는 농사 방식을 보존하고 있었다. 그곳에서 만난 92살의 농부 할머니가 피임약으로 효과가 매우 좋은 약초 이름을 알려주었다. 할머니는 그러한 지식을 자신의 할머니에게서 배웠다고 했다. 아마 할머니의 할머니는 19세기 중반에 다른 여성에게서 들었을 터였다. 그 약초는 노간주나무*Juniperus communis* 열매인데, 고대 그리스 로마 시대부터 피임약 재료로 사용되었으며 현대 과학도 그 효과를 공식적으로 인정하고 있다. 이렇게 예전의 여러 의학책에서 언급되는 수많은 약초들에 대해 주로 동물 실험을 통해 그 효과를 확인하는 연구가 진행되기도 한다. 낙태나 피임에 효과가 있다는 식물들이 수없이 많다. 아니스*Pimpinella anisum L.*(프로게스테론 분비를 중단하고 월경을 촉진하는 성분을 함유), 쥐방울

우리는 왜 먹고, 사랑하고, 가족을 이루는가?

덩굴*Aristolochia*(피임과 낙태약으로 사용), 쓴쑥*Artemisia vulgaris*(배란과 난자 착상을 방해하는 성분 함유), 페니로얄민트*Mentha pulegium*(낙태를 유발), 루타*Ruta graveolens*(난자 착상을 방해하고 낙태를 유발하는 성분 함유), 야생당근*Daucus carota*의 씨앗(테르페노이드 성분이 프로게스테론 합성을 막음), 노간주나무*Juniperus communis*, 사비나향나무*Juniperus sabina*, 알로에(피임과 낙태약으로 사용), 서양순비기나무*Vitex agnus-castus*의 씨앗 등이 있다. 거기에 세이지*Salvia*, 꽃박하*Origanum vulgare*, 타임, 로즈메리*Rosmarinus officinalis*, 히솝*Hyssopus officinalis*은 같은 과科 식물로, 고나도트로핀*gonadotrophine*, 생식선 자극 호르몬 호르몬을 차단하는 물질을 함유하고 있다.

유럽에서 전통을 잘 보존하고 있는 지역에 가보면 이러한 전통 지식의 흔적을 여전히 발견할 수 있다. 하지만 이런 지식들은 19세기를 거치며 시골 인구가 도시로 빠져나가면서 점차 사라지기 시작했다. 도시에서는 조상 대대로 전해오는 지식이 더는 전수될 수 없었기 때문이다. 그리하여 그때부터, 고대 그리스 로마 시대 이후 처음으로 여성들은 효과 좋은 피임 수단을 더는 마음껏 사용할 수 없게 되었다. 그러니 경구 피임약(초창기 피임약의 유효 성분은 식물 추출물이었다!)으로 정점에 달한 현대 의학의 지원은 진정한 의미의 진보라 하겠지만, 세월을 거슬러 가보면 꼭 그렇지만도 않은 셈이다.

고대로부터 내려오는 널리 알려진 전통 피임약들을 심도 있게 연구해 확실하고 효과적이라는 결과를 내놓은 과학자들도 여럿 있다. 이 분야에 대한 사회학적 연구는 아직 더 진행되어야 하겠지

만, 르네상스 이래로 부유층이나 도시 여성들은 남성 의사들의 진
료를 받느라 효과적인 전통 피임약을 거의 접하지 못했을 것이다.
어쨌거나 우리 조상들도 알아서 피임을 한 게 확실해졌으니 경구
피임약이 없었을 땐 어땠을지 걱정은 이제 그만 해도 되겠다.

입덧

구역과 구토를 진화적 적응으로 볼 수 있
다. 속이 메스꺼워 참을 수 없는 느낌인 구역은 독성물질을 감지했
을 때 나타나는 현상이며, 구토는 그러한 독성물질을 빠르게 배출
하는 신체 반응이다. 또다시 같은 독성물질을 섭취하는 걸 피하기
위해 구역과 관련한 기억은 머리에 남는다. 특정 조건에서 이런 현
상들이 유기적으로 나타나고 우리 몸에 확실히 도움을 주는 것을
보면 구역과 구토는 자연선택되어 진화된 적응적 특성이다. 그런
데 임신부의 경우 다른 사람들은 섭취해도 별 반응을 보이지 않는
음식에 구역질과 구토를 하며, 이런 반응은 보통 음식을 섭취하기
전부터 나타난다. 60퍼센트가 넘는 임신부들이 보이는 이런 특이
한 반응에 대한 설명이 필요하지 않을까? 임신에 따른 생리적 변
화 때문에 발생하는 부작용일까? 아니면 적응의 발현인 걸까?
　임신 초기에는 호르몬의 변화가 두드러지게 나타나며 융모성
생식선 자극 호르몬 같은 몇몇 호르몬의 농도는 최고치로 치솟는

다. 이러한 호르몬의 변화 때문에 구역질을 할 수도 있겠지만 이는 근접원인에 불과하다. 왜 굳이 특정 음식에 구역질을 하는 방식으로 반응이 나타나는지, 왜 다른 여성 호르몬이나 남성 호르몬은 생성돼도 구역질을 일으키지 않는지에 대해 좀 더 구체적인 설명이 필요하다. 게다가 영장류의 암컷들은 임신을 해서 호르몬 수치가 올라가도 구역질은 하지 않는다. 따라서 인류의 입덧을 호르몬 변화로만 **설명**하는 것은 뭔가 좀 부족하다.

히바로족^{에콰도르와 페루에 사는 원주민 부족}이나 유럽인들, 더 멀게는 2000년 전 로마인들까지 거의 모든 문화권에서 임신부들은 입덧을 했다. 입덧은 주로 임신 초기 3개월, 태아의 장기가 형성되는 시기에 나타난다. 입덧이 진화적 적응이라면 구역질이 날 정도로 음식에 대해 거부감이 생기는 것은 분명 그게 이로워서일 것이다. 음식에 대한 거부감은 후각과 미각이 예민해지는 것이 특징인 포괄적인 식이증후군의 증상이다. 여러 팀들의 연구 결과에 따르면 전체 연구 대상자들이 가장 강하고 지속적으로 거부감을 드러낸 식품은 육류였다. 임신 첫 3개월 동안은 태아의 에너지 요구량이 많지 않기 때문에 육류를 섭취하지 않아도 신진대사에 미치는 영향은 그리 크지 않다. 그렇다면 육류를 거부함으로써 어떤 이득을 얻을 수 있을까? 답은 간단하다. 기생충을 피할 수 있다는 것이다. 임신부는 면역적 관용 상태라 병원체의 공격에 취약하다. 이런 상황에 대처하는 여러 가지 적응 반응이 있는데 그 중 한 가지 예가 앞에서 설명한 혈장 철분 감소이며, 식이 행동 반응으로는 기생충이 많이 들어있는 식품을 피하는 것이다. 모든 다문화 비교 연구와 이문화간intercultural 연구 결과에 따르면 육류는 병원체 감염 위험이 가장 높은 식품이다. 소고기나 돼지고기를 통해 촌충에 감염되고, 촌충 애벌레는 근육섬유질 속으로 파고든다. 브루셀라병, 혹은 말타열도 덜 익힌 육류를 섭취하면 감염될 수 있다. 하지만 최근에는 철저한 방제 조치로 상황이 많이 바뀌었다. 여전히 육류는 잘 익혀 먹어야 한다고 권장되긴 하지만 전통 사회 혹은 산업화 이전 유럽 사회와 비교했을 때 육류를 매개로 감염되는 기생충은 전반적으로 거의 사라졌다.

입덧은 병이 아니며 생리적 변화로 인한 부작용도 아니다. 단지 임신부가 겪는 독특한 식이증후군 증상일 뿐이다. 전통적으로 병원체에 감염될 위험이 높은 식품에 거부감을 보이는 것은 진화적 적응일 수도 있다. 그러나 최근에는 철저하게 예방 조치를 하여 시판 육류에 의한 병원체 감염률은 현저하게 떨어졌다. 따라서 입덧이 더는 적응 반응이 아니라고 여길 수도 있고 임신부의 안정을 위해서 입덧을 없애야 한다고 생각할 수도 있다. 그러나 탈리도마이드같은 슬픈 기억을 되풀이하지 않으려면 입덧을 없애는 약은 부작용이 전혀 없어야 한다. 최근 서구 사회에서는 입덧이 유산을 줄인다는 긍정적인 연구 결과가 나오는가 하면, 입덧이 심하면 저체중아를 낳을 수가 있다는 부정적인 연구 결과도 나오고 있다. 입

우리는 왜 먹고, 사랑하고, 가족을 이루는가?

덧이 병원체로부터 보호하기 위한 반응이라는 가설은 여전히 유효하며, 아직 밝혀지지 않은 다른 적응 현상들에도 관심을 가질 필요가 있다.

출산과 산모 사망

1924년에 루이 페르디낭 셀린은 〈필립 이그나츠 제멜바이스의 생애와 업적〉이라는 의학 논문을 제출하고 구두 심사를 받았다. 그는 19세기에 활동했던 헝가리의 산부인과 의사 제멜바이스가 출산 직후 사망한 산모들에 대한 치료법을 찾기 위해 고군분투한 과정을 논문에 썼다. 당시 일부 병원에서는 산모의 13퍼센트가 죽었는데 이유는 주로 산욕열(패혈증) 때문이었다. 의사들은 사망의 원인을 밝히려고 죽은 산모들의 사체를 부검하다가 곧바로 출산하는 산모들의 아기를 받으러 가곤 했다. 제멜바이스는 동료들에게 아기를 받으러 가기 전에 먼저 손을 씻으라고 제안하면서, 자신이 맡았던 산모들의 사망률이 현격히 줄어드는 놀라운 결과를 보여주었다. 하지만 아직 파스퇴르의 세균설이 나오기 전이었기 때문에 동료 의사들의 비웃음만 살 뿐이었다. 제멜바이스는 당시 제도권 의학계에서 퇴출되었고 신경쇠약에 걸려 비참한 말년을 보내다 쓸쓸히 죽었다. 소독법은 하루아침에 발견된 게 아니다. 의사들은 높은 산모 사망률이 자신들 책임이라는 사실을 받아들이지 않았다. 의학사를 돌아보면 이 시기 이후로 산모 사망률을 줄이기 위한 여러 조치가 잇따라 시행된다. 현재도 출산은 여전히 여성들에게 생명을 위협하는 일이기는 하다. 하지만 사망률은 현저히 낮아졌다. 유럽의 산모 10만 명 중 평균 9만 9991명이 죽지 않고 무사히 출산을 마친다. 지난 150년간의 역사를 돌아봤을 때 의학이 얼마나 발전했는지를 알 수 있는 대목이다.

　의학의 발전을 부인할 수는 없다. 그러나 19세기 유럽은 산모 사망률이 가장 높은 시기(아마도 현재 우리가 알고 있는 수준보다 높았을 것이다)였기 때문에 상대적으로 비교해봐야 할 부분은 있다. 출산은 전통적으로 남자들은 범접할 수 없는 여자들의 일이었다. 산파는 자궁에 손을 집어넣어 자리를 잘못 잡은 태아의 자세를 바로잡아주기도 하면서 출산의 전 과정을 능숙하게 도와줄 수 있었다. 필요하다면 여러 가지 약초를 달여서 분만 촉진제를 제조하는 법을 알려줄 수 있고 산모에게 도움이 되는 모든 조치를 아낌없이 해줄 수도 있었다. 유럽에서는 문서 자료가 남아있는 아주 먼 옛날부터 산파들이 늘 그래 왔고 다른 모든 문화권에서도 마찬가지였다. 그런데 남자 의사들이 출산의 영역에 조금씩 발을 들여놓더니 급기야 전 과정의 통제권을 움켜쥐었다. 출산하는 산모의 자세만 해도 그렇다. 서구 사회에서 산모가 분만대에 등을 대고 누워서 출산하기 시작한 것은 사실 얼마 되지 않았다. 의사가 관찰하기 편하도록 강요한 자세인데 이렇게 자세가 바뀌면서 체중이 분산되는 정도가 달라지고 출산 과정은 더 힘들어졌다. 산파들은 조금씩 출산의 영역에서 배제되었고 현재 그들이 하는 일은 과거에 비하면 턱없이 줄어들었다. 출산을 의사들이 통제하기 시작한 것은 18세기부터였고 19세기에 강화되다가 20세기에 완성되었다. 제멜바이스의 일화가 보여주듯 이 과정에서 산모들은 엄청난 위험을 겪었다. 이렇게 의학은 여러 가지 문제에 대한 해결책을 찾아내지만 가끔은 문제를 일으키는 원흉이 되기도 한다. 아무리 그렇더라도 현재 산모 사망률은 역사상 가장 낮은 수준이기는 하다.

국지적 적응과 맞춤 의학

같은 장소에 사는 사람들이라도 당연히 유전적으로 차이가 있다. 따라서 간혹 특정한 유전자 돌연변이가 있고 없음에 따라 맞춤 치료를 해야 하는 경우가 있다. 인종 집단 사이에도 유전적 차이가 역시 존재한다. 대륙과 위도에 따라 기생충의 종류가 다르고, 사회마다 혼인제도(일부다처제 혹은 일부일처제)도 다르며, 지역마다 기후나 음식도 다르다. 이런 요소들에 일일이 반응해야 하기 때문에 인종 집단이 다르면 유전적 조정이 다르게 일어날 수도 있다. 그 예로 자주 거론되는 것이 말라리아가 자주 발생하는 지역에 나타나는 돌연변이 적혈구⁻겸상적혈구. 말라리아 병원균은 이 돌연변이 적혈구에서 잘 살지 못하기 때문에 이 적혈구를 가진 사람들은 말라리아에 강한 내성을 보인다이다. 다시 말해, 서로 다른 인종 집단 사이에서는 유전적 차이가 크게 나타나므로 의학적 치료도 다르게 이루어져야 한다. 서구인에게 사용하는 류마티스성 관절염 치료약(예를 들어 메토트렉세이트methotrexate)을 중국인에게 같은 방식으로 사용하면 안 된다. 서양인과 중국인은 몇몇 유전자의 위치가 다르기 때문(전문용어로는 *TYMS* 유전자의 위치)이다. 콜레스테롤 수치를 낮추려면 포화지방 섭취를 줄이고 불포화지방 섭취는 늘리라는 조언을 흔히 한다. 그런데 몇몇 사람들, 특히 아포지단백질E apolipoprotein E, APOE의 변종(Apo 3/2 표현형)을 갖고 있는 여성들에게는 오히려 해가 되는 조언이다. 대체로 이러한 아포지단백질E의 변종이 나타나는 빈도는 인구별로 다른데, 식생활 그 중에서도 특히 어떤 종류의 지방을 섭취하느냐와 관련이 있다. 이처럼 어떤 지방을 먹느냐에 따라 다른 반응을 보이기 때문에, 혈중 콜레스테롤 수치는 아포지단백질의 변종에 좌우된다고 할 수 있다.

마지막으로 한 가지 예를 더 들어보자. 각각 임신 초기인 영국 여성과 인도 여성에게 사는 곳을 바꾸어서 생활해 보라고 해보라. 그렇게 영국 여성은 인도에서, 인도 여성은 영국에서 생활하다 보면 두 사람 모두 서로 다른 영양 결핍에 시달리게 될 것이다. 영국 여성의 밝은 피부는 원래 살던 유럽 서북부 지역보다 햇볕이 강한 인도에서는 자외선 차단을 제대로 하지 못할 것이다. 그러면 혈액 속을 돌아다니던 엽산이 햇빛 때문에 파괴(혹은 광분해)되고, 태아의 정상적인 성장이 방해를 받게 된다(엽산이 결핍되면 척추뼈갈림증의 위험이 높아진다). 반대로 인도 여성의 짙은 피부는 가뜩이나 햇빛이 적은 영국 환경에서 자외선을 과도하게 차단하게 될 것이다. 그렇게 되면 혈액 속 전구체로부터 광분해를 통해 생산되는 비타민 D_3가 제대로 생성되지 못해 태아에게 결핍이 일어날 것이다. 따라서 영국 여성은 엽산보충제를, 인도 여성은 비타민 D_3 보충제를 먹어야 한다. 둘 다 두 여성이 원래 살던 곳에서는 보충할 필요가 없는 영양소들이다.

의사가 진화론을 알아야 하는 이유

우리의 친척인 대형 유인원들도 아프면 약초를 먹는 식의 원시적인 의료 행위를 한다. 그런 것을 보면 수백 만 년 전 우리 조상들도 벌써 식물의 의약적 특성들을 알고 있었던 것 같다. 우간다의 키발 국립공원에 사는 침팬지는 항말라리아 효능이 있는 식물인 트리킬리아 루베센스*Trichilia rubescens*을 씹어 먹은 다음 곧바로 진흙을 먹는데 그렇게 하면 약효가 좋아지기 때문이다. 우간다 현지의 치료사들이 설사를 치료할 때도 똑같은 진흙을 사용한다. 사하라 이남 아프리카에서는 침팬지와 인간이 똑같이 베로니카 아미그달리나*Veron-*

*ica amygdalina*라는 쓴 맛이 나는 잎을 기생충 치료제로 사용한다.

우리의 진화 계통에서 의학의 역사가 이토록 오래된 것이 어쩌면 의학의 사회적 측면과 우리의 생리적 상태 사이에 공진화가 이루어진 충분한 이유가 될 수 있겠다. 아마도 여기에서 현재 공식적인 처방의 약 35~40퍼센트를 차지하고 있는 플라시보 효과의 중요한 역할을 설명하는 실마리를 얻을 수도 있다. 프랑스 의사 파트릭 르무안은 "프랑스에서 현재 시행되고 있는 치료법 중 일부는 확실히 전혀 효능이 입증되지 않았다"고 주장한다. 최근 확인된 바에 따르면 프로작을 비롯한 항우울제들은 플라시보 효과 말고는 어떤 치료적 효능도 없어 보인다. 진료 절차 자체도 일종의 플라시보 효과다. 의사는 알아들을 수 없는 말을 가끔씩 섞어가며 최종적인 신탁을 전달하는 사제의 역할을 하고 약사는 그 메시지를 해독한다. 서구의 약전藥典에는 부분적인 위약들이 상당수 포함되어 있다. 약리학적으로 유효한 성분이긴 하지만 임상학적 결과를 얻기에는 양이 너무 적은 경우가 있다. 또한 동종요법homeopathy처럼 유효성분이 전혀 없는 진짜 위약들도 있다. 이처럼 특정 사회적 맥락 속에서만 효과를 발휘하는 약들이 약국에 넘쳐난다는 게 뭔가 음모처럼 여겨질 수도 있겠다. 하지만 대형 유인원과 우리 인간을 구분 짓는 것은 바로 사회적 상호작용을 통해 전문지식을 얻는다는 점이다. 의학은 우리 몸의 생물적 진화와 상호 작용하는 정교한 사회적 조작의 맥락 속에서 발전해 왔다.

우리는 왜 먹고, 사랑하고, 가족을 이루는가?

진화적으로 적응해 온 우리 몸의 일부 기능이 환경 변화로 인해 쓸모가 없어져 부적응 상태가 될 수도 있다. 서구 사회의 알레르기와 최근의 식생활 변화가 건강에 일으키는 문제들(1장 참조)이 좋은 사례다. 하지만 의료 행위의 변화도 나쁜 결과를 초래할 수 있다. 지난 수 세기에 걸쳐 여성들이 주로 담당했던 피임과 출산에 관한 일들을 제도권 의학이 가로챈 결과가 어땠는가. 19세기에 산모 사망률이 높아졌지만 이를 진지하게 연구한 사람은 제멜바이스 말고는 아무도 없었다. 여성들은 과거에 가졌던 피임에 대한 주도권도 빼앗겼다. 정확히 말해 적어도 윤리적 관점에서 나쁜 결과라고는 할 수 없겠지만 번식 조절의 측면에서 남녀의 균형 관계에는 확실히 많은 변화가 생겼다. 이러한 변화는 인류 역사와 생물의 세계를 이해하는 데 필수적인 열쇠다. 현재 일반적으로 임신부의 행동양식이나 출산, 태아의 발달 과정에 대한 지식수준은 다른 분야에 비해 여전히 낮은 상태에 머물러 있다.

서구 의학의 명성은 현대 의학이 과거보다 당연히 발달했을 것이라는 생각에 기초해 있다. 하지만 앞에서 살펴봤듯 몇몇 분야는 그렇지 않다. 의학에 진화적 관점을 접목하려는 시도는 최근에 시작되었기 때문에 아직 의학계에 폭넓게 받아들여지지는 않고 있다. 중학교나 고등학교에서는 진화론을 거의 가르치지 않고 의과대학생은 수업 중에 진화적 관점을 전혀 접하지 못한다.

지금은 제멜바이스가 살던 시대가 아니지만 여러분이 만약 진화의학을 입에 올리면 의사는 입가에 슬쩍 조소를 띠며 여러분을 삐딱한 시선으로 바라볼 것이다. 의학의 발전은 여전히 진행 중이다.

Cro-
Magnon
toi-
même!

3

남자에게
아내는
몇 명이
적당할까

● 혼인제도와 정치체제

세네갈 남부에서 조사를 마치고 공항에 가려고 택시를 탔을 때였다. 택시 기사 이름은 하산이었는데 프랑스 말을 잘 하진 못했지만 그럭저럭 대화는 가능했다. 하산은 내게 프랑스에서는 아내를 몇 명이나 둘 수 있느냐고 물었고, 나는 한 명 혹은 없는 사람도 있다고 답했다. 그는 거침없이 웃음을 터뜨리더니 놀리는 듯한 말투로 프랑스 남자들은 돈이 잔뜩 있으면서도 겨우 아내 한 명으로 만족할 수 있느냐고 물었다. 나는 당신이 세상 돈을 다 가졌더라도 코란에서 금하니까 아내를 네 명까지 밖에 둘 수 없는 것과 마찬가지라고 말해줬다. 하산에게는 내 말이 이해가 안 됐을 것이다. 당시 하산은 열심히 일해야 겨우 아내 하나를 둘 수 있을 정도의 돈만 벌고 있었고, 또 주위의 누구도 마호메트의 계율을 어길만큼 많은 아내를 가진 부자가 없었기 때문이다. 하산의 경우에는 경제적인 제약이 코란이 정한 계율보다 훨씬 더 강력했던 것이다.

하산의 사정이야 어찌 됐든 여기서 의문 한 가지가 남는다. 세

속법이든 종교법이든 왜 법은 개인의 번식 문제에 간섭할까? 프랑스에서도 그리 멀지 않은 과거에 쌍방 합의가 있어도 이혼이 법으로 금지되었던 적이 있었고 과부나 홀아비가 재혼을 하면 곱지 않게 보던 때가 있었다. 왜 법은 가정사에까지 끼어들어 딸들보다 아들들에게, 동생들보다 장남에게 유산 분배를 더 하도록 할까? 사회적 규칙이 부부의 결정에, 더 나아가 가정사에 끼어드는 것을 어떻게 이해해야 할까?

개체들은 종족 번식을 위해 경쟁한다. 동료를 제치고 번식을 유리하게 해주는 모든 특성은 자연선택되어 전체 집단으로 확산된다. 동물의 세계에서는 이러한 경쟁이 다양한 충돌을 낳는다. 암컷에게 접근하기 위해 수컷끼리 다툼이 벌어지기도 하고, 번식의 이해관계가 맞지 않을 때는 수컷과 암컷 간에 다툼이 벌어지기도 한다. 이에 대한 반응으로 수많은 적응과 대응이 나타났다. 수컷이 완력과 고집으로 짝짓기를 시도하면 암컷은 종종 그 정자를 빼돌린다든가 버려버리는 등의 여러 가지 수단을 이용해 다른 수컷들의 정자와 경쟁하도록 한다. 모기들의 경우 짝짓기가 끝나면 수컷은 암컷의 생식기에 이른바 '교미 마개'를 남긴다. 다른 수컷이 접근하는 것을 막아 자신의 유전자를 남기기 위해서다. 어떤 설치류의 수컷 성기는 이전 수컷들이 남긴 교미 마개를 힘으로 부수기에 적합한 모양으로 발달하기도 했다. 초파리의 정액에는 암컷의 성욕을 줄이고 생식력은 증가시키도록 조장하는 물질이 들어있다.

순전히 수컷에게만 이득이 되는 물질인데 그도 그럴 것이 이 물질 때문에 암컷의 수명이 줄어들기 때문이다. 이러한 **성^性의 전쟁**은 모든 생물들에서 끝없이 벌어진다. 어떤 수컷들은 암컷들에게 다가갈 수 있는 기회를 늘리려고 외모와 감각을 발달시키고 무기를 갖추기도 한다. 근육질의 우람한 몸을 자랑하는 수컷 고릴라와 수사슴의 커다란 뿔 등이 그렇다. 동물들의 경우 사회 체계 역시 번식에 영향을 준다. 아프리카비비원숭이 수컷들의 서열을 관찰해 보면 발정기의 암컷에게 누가 제일 먼저 갈 것인지를 예측할 수 있다. 사회 체계와 번식을 둘러싼 다툼 사이의 상관관계를 좀 더 일반적으로 확대해서 생각해 볼 수 있을 것이다.

인간의 경우에는 반드시 고려해야 할 문화적인 특성들이 여러 가지 있다. 먼저 인류의 역사만큼이나 오래되고 어디에나 존재하는 남자들 사이의 폭력적인 다툼부터 알아 보자. 전쟁도 종족번식을 위한 경쟁이라는 관점에서 이해할 수 있을까?

전쟁의 기원

몽테스키외는 평화가 첫 번째 자연법이라 했고, 같은 시대에 살았던 루소는 '고귀한 야만인^{bon sauvage}'이라는 개념을 내놓았다. 하지만 평화로운 사회를 추구하려는 시도는 언제나 실패로 끝났고, 민족지학民族誌學과 인류학에 따르면 전쟁은 정도는 다르지만 모든 전통 사회에 존재했다는 사실이 밝혀져 있다.

원정을 떠나는 것은 극도로 위험한 일이다. 공격을 당하는 쪽에서는 죽기 살기로 방어에 나서기 때문에 공격하는 쪽과 방어하는 쪽 모두 사망자가 속출한다. 자신의 생명을 무릅쓰면서까지 다른 부족을 공격하는 것은 왜일까? 어떤 강력한 동기가 전쟁에 나서게 만드는 걸까? 물론 계급 사회에서는 지배층에서 전쟁을 하기로 결정하면 병사들은 복종하는 수밖에 없었다. 젊은이들은 전장에 끌려 나가고 병사들은 군소리 없이 참호 속으로 들어가는 것 말고 다른 선택의 여지가 없었다. 지금은 그때보다 전쟁의 형태가 훨씬 다양하지만 그래도 여전히 전쟁의 원인은 불분명하다.

베네수엘라 남부에 사는 야노마미족을 대상으로 전통적인 전쟁에 대한 연구가 진행된 적이 있다. 야노마미족은 마을 사이에 분쟁이 잦았고 이전에 벌어진 살인에 대한 복수를 하기 위해 기습공격도 자주 했다. 폭력의 강도도 무척 높았다. 성인 남자의 40퍼센트가 살인에 관여했고, 주민의 75퍼센트가 적어도 마흔 살쯤 되면 가까운 가족 중 한 명(아버지, 어머니, 형제, 자매, 자녀)이 폭력으로 살해 당한 경험이 있었다. 야노마미족 남자들은 왜 삼삼오오 떼를 지어 이웃 마을 사람들을 죽이러 갔을까? 사회적 지위와 여자, 이 두 가지를 얻기 위해서였다. 야노마미족에 정통한 한 인류학자는 "단지 여자들을 납치하려는 목적으로 벌인 원정은 거의 없었지만,

원정을 하며 그런 기대는 언제나 품고 있었다"고 말한다. 납치된 여자들은 습격에 참가한 모든 남자들에게 강간당했고, 마을로 잡혀간 후에는 원하는 모든 남자들에게 다시 강간당했다. 그런 다음에는 마을 남자들의 아내로 분배되었다. 분배는 사회적 지위에 따라 결정되는데 가장 우위에 있는 사회 계급은 '살인자'라는 뜻의 '우노카이'다.

사람을 한 명 죽이면 우노카이가 되고 사회적 지위가 급상승한다. 우노카이는 다른 남자들보다 더 많은 여자를 차지하기 때문에 연령대를 막론하고 사람을 죽이지 않은 남자들에 비해 더 많은 자식을 낳는다. 결국 우노카이의 사회적 지위는 얼마나 많은 여자를 차지하느냐로 결정되며, 야노마미족이 전쟁을 벌이는 실제적인 이유는 여자들을 납치해 더 많은 여자를 아내로 삼기 위한 사회적 지위를 얻는 것이다. 다른 문화권에도 이와 유사한 사례가 있다.

19세기의 한 인류학자는 "카리브해 연안 원주민들은 이웃 부족에서 여자들을 납치해 아내로 삼는다"라고 말했고, 발리의 원주민이나 오스트레일리아의 토착민들이 여자들을 납치할 목적으로 행한 원정들을 사례로 들기도 했다.

기원전 3000년경 말에 메소포타미아에서 문자가 발명되면서 역사 시대가 시작되었는데, 고대 문자 중 몇 가지 기호는 쉽게 해석할 수 있다. 고대 수메르 전문가인 장 보테로에 따르면 "삼각

형 모양의 치골이 산에 연결돼 있는 문자는 전쟁의 전리품으로 외
국에서 납치해 온 여자를 의미했다"고 한다. 성경에는 이런 상황
에 대한 암시가 가득하며 납치한 여자 포로들과 혼인하는 것이
종교법에 적법하도록 하기 위한 의식들까지 정해놓고 있다. 지중
해의 해적들은 연안 마을들마다 빠짐없이 돌아다니며 소녀들을
납치해 동양의 하렘에 여자들을 공급하는 업자에게 팔아넘겼다.
프랑스 남부 연안에서 이러한 형태의 납치와 인신매매가 끝난 건
고작 200년 전이다.

　전쟁은 인류의 전유물이 아니며 우리의 사촌인 침팬지도 전쟁
을 한다. 침팬지는 이웃 집단에서 고립된 침팬지들을 죽이려는 목
적 하나로 공격에 나서기도 하는데, 위험을 줄이기 위해 떼를 지어
몰려간다. 기회가 닿으면 어린 암컷을 '납치'하기도 하지만 그런
일은 매우 드물게 관찰된다. 이렇게 죽고 죽이는 공격을 하는 이
유는 주로 이웃 집단의 구성원 수를 줄여 힘을 약화시키기 위해서
다(공격을 통해 개체 수를 24~52퍼센트 줄일 수 있다). 공격을 받고 약화
된 집단의 암컷들은 결국 승자의 집단으로 옮겨간다. 침팬지들 역
시 공격의 최종 목적은 바로 암컷들을 데려오는 것인 셈이다. 물론
단순 비교에는 무리가 있다. 인간은 자신들만이 만들 수 있는 무
기를 가지고 더 복잡한 이해관계를 놓고 전쟁을 벌이기 때문이다.
하지만 인간과 침팬지의 진화적 유사성을 고려해 봤을 때 상관관
계는 충분히 있을 수 있다. 인간과 침팬지의 전쟁은 수백만 년 전

공통 조상들이 했던 한 가지 형태에서 진화했을 것이다. 바로 모두 종족번식을 목적으로 하는 수컷들의 다툼이다.

여자(혹은 암컷)는 인류와 침팬지들이 벌이는 전쟁의 근원일 정도로, 치열한 다툼을 벌이고서라도 반드시 차지하고 싶은 전리품이었던 것으로 보인다. 여자를 독점하고자 하는 남자들의 욕망은 도대체 어느 정도일까?

여자, 몇몇 남자들만의 미래다?

인류학자 클로드 레비스트로스가 브라질의 마투그로수에서 만난 남비콰라족은 물질적으로 매우 간소한 생활을 해서 집도 없이 땅바닥에서 잠을 잔다. 하지만 그래도 우두머리가 있고, 오직 그만이 아내를 여럿 거느릴 수 있다.

"이 소녀들은 (……) 집단 내에서 가장 예쁘고 건강한 소녀들 중에서 선택되었고, 우두머리의 아내라기보다는 애인 역할을 했다." 남비콰라족 우두머리에게 허용된 일부다처제는 번식적으로 이득을 취한 것이라기보다는 오히려 집단 내에서 우두머리가 맡아야 할 여러 가지 의무에 대해 다른 남성들이 양보해서 마련해 준 보상에 가깝다. 지배 계급이 거의 분화되지 않은 소규모 사회에서 일부다처제는 극소수의 남자들에게만 가능해서, 여러 아내와 그 아이들을 건사할 능력이 있는 남자들이나 할 수 있었다. 아프리카 남부에 사는 부시먼족이나 파라과이의 아쉐족에서는 가장 뛰어난 사냥꾼이 가장 많은 여자들과 성관계를 맺을 수 있다. 지금도 카메룬에서는 족장들이나 부자들이 아내를 여럿 두는데, 드물지만 아내 수가 다섯 명이 넘는 사람도 있다.

19세기 아프리카를 답사한 인류학자들과 여행가들의 이야기에서도 우리는 일부다처제의 전통을 찾아볼 수 있다. 족장이나 왕들의 하렘은 지역에 따라 규모가 다르다. 벰바족(현재의 잠비아)은 장소에 따라 열에서 열다섯 명, 혹은 수십 명 정도 되는 소규모의 하렘이 있었고, 수쿠족(현재의 콩고민주공화국 서쪽과 앙골라 북동쪽) 왕의 하렘은 40명 정도 되었다. 현재의 카메룬에 속하는 메캄바 지역에서 존경 받는 남성은 열 명 가량의 아내를 둘 수 있었다. 음벨레족의 족장들은 100명의 아내를, 야운데족의 대족장은 200명의 아내를 둔 것으로 유명했고, 현재 카메룬 남부에 속하는 은코도 엠볼로족의 족장은 400명의 아내들 사이에서 거드름을 피웠다. 잔데족(현재의 수단)의 족장들은 아내를 수십 명에서 100명까지, 왕은 500명이 넘는 아내를 거느렸다. 다호메이 왕국(현재의 베냉)의 하렘에는 전쟁 포로 외에도 온갖 곳에서 온 수천 명의 여자들이 있었다. 아샨티(현재의 가나) 왕국의 왕은 아내가 3000명이 넘었던 것으로 알려져 있다.

아프리카뿐만 아니라 다른 지역에서도 마찬가지였다. 13세기

크메르 왕국의 한 왕은 아내는 다섯 명뿐이었지만 후궁은 3000~
5000명이었다. 멕시코의 텍스코코에 살았던 한 아즈텍 족장은
2000명의 아내가 있었으며, 1519년 멕시코에서 정복자 코르테스
를 맞이했던 몬테수마 2세는 4000명의 아내를 거느렸다. 미시시
피 계곡에 살았던 나체스^{위대한 태양}족의 왕은 4000명쯤 되는 아내가
있었으며, 19세기 말 피지의 타노아 왕은 아내가 100명쯤 된다고
공언했다. 고대 세계로 거슬러 올라가 보자. 기원전 333년 아케메
네스 왕조 최후의 왕인 다리우스 3세가 다마스에서 패했을 때 그
의 하렘에는 329명의 후궁이 있었다. 성경에는 고대 서남아시아
하렘의 규모에 대한 이야기가 많이 나온다. 고대 이스라엘의 르호
보암 왕은 "아내 열여덟 명과 첩 예순 명을"^{역대하 11장 21절} 거느렸다.
아가에 나오는 왕은 "왕비가 예순 명이요, 후궁이 여든 명이요, 궁
녀도 수없이"^{아가 6장 8절} 많았다. 르호보암 왕의 아버지인 솔로몬 왕
은 "후궁이 칠백 명이요 첩이 삼백 명"^{열왕기상 11장 3절}이었다. 페르시
아의 왕 크세르크세스 1세^{아하수에로 왕}가 왕비를 찾자 궁정 대신들
이 아뢴다. "임금님께서 다스리시는 각 지방에 관리를 임명하시고,
아리땁고 젊은 처녀들을 뽑아서 (……) 후궁에 불러다가 궁녀를 돌
보는 내시에게 맡기시고"^{에스더 2장 2~3절} 그렇게 발탁되어 왕의 마음
을 얻고 왕비가 된 여성이 "몸매도 아름답고 얼굴도 예쁜"<sup>에스더 2장
7절</sup> 에스더였다. 그녀가 왕비가 된 후에도 왕이 "처녀들을 두 번째
로 소집한 일"^{에스더 2장 19절}이 있었다. 그로부터 약 1000년 후, 6~7

세기 같은 지역을 다스린 사산조 페르시아의 코스로에스 2세는 3000명의 후궁이 있는 하렘을 두었고 여성 노예 1만 2000명을 거느렸다. 시대와 지역을 뒤져보면 이런 목록은 끝도 없이 길어지겠지만 최고 기록을 소개하며 이쯤에서 마치겠다. 지금으로부터 2400년 전 고대 인도의 우다야마 왕은 1만 6000명의 왕비를 두었다고 한다.

동물의 세계에도 하렘이 있다. 서부저지대고릴라 수컷은 등에 은빛 털이 나는Silverback 어른이 되면 서너 마리의 암컷을 거느리기 위해 노력한다. 바다코끼리는 다른 수컷들을 쫓아버릴 만큼 힘이 세면 암컷을 수십에서 수백 마리까지 독점한다. 특히 포유류에 이런 예가 많긴 해도 바다코끼리를 제외하면 인간의 정치가, 왕, 황제만큼 수많은 여자들을 거느린 동물은 없다.

성차별 받는 남자들

번식의 측면에서 하렘의 기능은 무엇이었을까? 17세기 말에서 18세기 초까지 지금의 모로코, 알제리, 모리타니를 아우르는 광대한 제국을 다스렸던 물레이 이스마엘 술탄의 예를 들어보자. 그는 정실과 후실을 합쳐 아내가 500명이었는데 모두 30세 이하였다. 물레이 이스마엘은 이 하렘의 여자들과 62년 동안 성관계를 맺었으

우리는 왜 먹고, 사랑하고, 가족을 이루는가?

며, 항상 젊고 임신이 가능한 여자들로 하렘을 채우기 위해 여자들은 정기적으로 교체되었다. 도대체 자식을 몇 명이나 두었을까? 무려 888명이나 있었다고 하는데, 분명 과장이 조금 섞인 수치일 테지만 통계학자들의 의견으로는 이 정도 수의 자녀를 낳는 게 충분히 가능하다고 한다. 하렘에 있는 여자들 중 생리기간이 아닌 여성 하나를 무작위로 골라 성관계를 맺으면 하루 평균 1.2번의 성관계가 가능하고 그러면 888명의 자녀를 둘 수 있다는 것이다. 어떤 왕들은 성관계를 좀 더 자주 가질 수 있었는데 하렘의 소유자가 자손을 얼마나 낳느냐는 다른 요소들이 더 많이 좌우했다. 기원전 6세기 중국의 한 황제는 1만 명의 처첩을 거느렸다. 각 여자들마다 생리기간을 꼼꼼히 기록해, 황제와 성관계를 할 여자는 배란기에 가까운 사람으로 택했다. 합방 시간은 당시 중국인들이 고안한 회임이 가능한 시간대에 맞춰야 했다. 이는 현대 과학이 밝혀낸 시간대와 크게 다르지 않다. 이런 조건들을 다 맞추면 남자 한 명이 가질 수 있는 자식 수는 1000명을 쉽게 넘길 수 있다.

물론 남자 한 명이 이렇게 수많은 여자를 독점하면 다른 남자들은 희생당할 수밖에 없다. 남자들이 여자들에게 접근할 수 있을지 없을지를 결정하는 것은 대체로 정치권력인데 잉카 제국의 관련 자료를 보면 특히 잘 알 수 있다. 잉카 제국 왕궁의 하렘에는 1500명의 여자가 있었지만 귀족은 아내 수를 700명으로 제한했다. 주요 정치인들은 50명의 아내를 둘 수 있었는데 속국의 족장들은 30

명밖에 둘 수 없었다. 10만 명의 주민이 사는 지역의 족장은 20명, 1000명이 사는 지역의 족장은 15명, 500명이 사는 지역을 다스리는 지방 관리는 12명의 아내를 둘 수 있었으며 맡은 직책의 정치적인 중요성이 떨어질 때마다 8, 7, 5, 3명으로 둘 수 있는 아내 수가 줄어들었다. 가장 밑바닥 위치에 있는 농사짓는 남자들은 혼인을 할 수 없었고, 따라서 아내가 있는 이들은 무척 운이 좋은 사람들로 여겨졌다.

부유한 로마인은 노예를 많이 두었는데 그중 상당수가 여자였다. 여자 노예들은 주로 주인의 유전자를 독점적으로 번식시키는 '씨받이' 노릇을 했다. 황제는 바뀌어도(티베리우스, 트라자누스, 코모두스, 카라칼라, 막시미누스) 수백 명의 여자가 있는 하렘은 바뀌지 않았다. 아버지가 자유민이라도 여자 노예의 자식은 노예로 남았지만 주인이 마음을 먹으면 노예를 자유 신분으로 만들어 줄 수 있었다. 그렇게 자유민이 된 노예의 자손들 역시 자유민이 되어 재산을 모을 수 있고, 그 재산을 물려줄 수도 있고, 노예를 소유할 수도 있었다. 로마시대에는 해방 노예가 많았는데 로마 부자들이 특별히 관대해서라기보다는 유전적인 이해관계 때문이다. 노예들 대부분은 주인의 직계 자손들이었다. 따라서 주인들은 노예들의 새 출발을 재정적으로나 사회적으로 종종 돕기도 했다.

사실 계급제도가 뿌리내린 거대 국가들에서는 처음부터 정치권력의 추구가 번식 권력의 추구와 완전히 무관하지 않았다. 사회적 지위가 하렘의 여자 수, 좀 더 구체적으로는 마음대로 성관계를 맺을 수 있는 여자의 수와 직결되었기 때문이다. 권력자들이 하렘의 여자들을 대하는 태도는 가지각색이었다. 루이 16세는 성기능에 문제가 있었던 것으로 알려져 있었기 때문에 훗날 루이17세가 될 왕자를 가진 마리 앙투아네트 왕비는 다른 궁중 여인들이나 애첩들과 경쟁할 염려가 없었다. 그러나 루이 16세의 할아버지였던 루이 15세는 여자들에게 무척 관심이 많아서 "항상 발정이 난 상태"라고 묘사되기도 했다. "궁중의 시녀들은 흥분한 왕의 유혹에 늘 몸이 달아있는 상태에서 복종해야 했고 허벅지를 늘 활짝 벌리고 있었다." 동시대인 계몽주의 시대에는 지위를 막론하고 모든 권력자들이 제각기 유명한 호색한이었다. 딜롱 대주교는 "처녀 탐식가"로 유명했고, 리슐리외 원수는 "애인이 수백 명"이었으며, 재상이었던 슈아죌은 "수도 없이 많은 성관계"를 맺었다. 오를레앙 공은 섭정 기간 동안 아침에는 정무를 보고 오후에는 방탕한 연회를 벌였다. 그 연회는 "온갖 종류의 쾌락이 (……) 차례대로 이어지기로" 유명했다. 중세시대 봉건 영주에게는 하렘과 거의 비슷한 '규방 roitelet'이라는 것이 있었고, 그곳에서 하녀들과 사랑을 나누었다. 간혹 개별적으로 달라질 때도 있었지만, 기본적으로 앙시앙 레짐에서 여자에게 접근할 수 있는지는 사회적 지위에 크게 좌우되었다.

수많은 여자들을 독차지하고 자유롭게 성관계를 맺을 수 있는 하렘은 마르지 않는 샘처럼 끝없이 에로틱한 환상을 불러일으킨다. 하지만 하렘은 결국 사회의 다른 남자들을 희생시켜 힘 있는 한 남자의 유전자를 확산시키기 위한 극도로 효율적인 수단이며 부富의 또 다른 표현이다. 만약 이런 막대한 재산이 자손들에게 전해지지 않으면 참으로 안타까울 것이다.

일부다처제, 일부일처제 그리고 장자상속

돈이 많고 권력이 있어서 다른 이들보다 더 많은 여자를 독점할 수 있는 남자가 있다고 해 보자. 아내가 많이 있으면 아내가 하나밖에 없는 사람에 비해 훨씬 많은 유전자를 확산시킬 수 있다. 사실 태어날 때는 남자와 여자의 수가 비슷하기 때문에 평균적으로는 일부일처제가 공평하다.

그런데 자식 수가 많다면 갖고 있는 재산을 물려주는 것이 위험한 도박일 수도 있다. 아무리 재산이 많더라도 나누면 그만큼 힘이 약해질 것이고, 자식들 각자는 부와 권력을 집중시킨 다른 가문들에 비해 사회적 경쟁에서 뒤처질 것이기 때문이다. 따라서 소수의 자식에게 물려줘서 재산을 보존하고 그 소수의 자식들이 다른 남성들보다 더 많은 비율로 유전자를 확산시키도록 하는 것이 더 타당하다. 그런데 유산을 불공평하게 나눠주면 자식들 사이에 격렬한 경쟁이 벌어지게 된다. 특히 자식들이 성인이고 참을성이 없는 성격이면 더욱 그렇다. 따라서 가능하면 빨리 후계자를 하나 혹은 여럿 지정하도록 하는 사회적 규칙을 마련하는 것이 좋다. 이런 규칙들 중 하나가 혼인제도다. 여자 하나, 혹은 여럿과 결혼하면서 남성은 자식들이 태어나기 전에 미리 상속자를 정해놓는 것이다. 잠재적인 상속자의 수를 대폭 줄이고 싶다면 오직 한 여자와 혼인하는 일부일처제를 도입하면 된다. 하지만 그렇게 해도 재산이 잘게 쪼개질 위험이 아직 남아있기 때문에 뭔가 조치를 더 취해야 한다. 딸들은 자연히 상속에서 배제되었는데 이는 번식 능력의 근본적인 차이 때문이었다. 최상의 물질적 조건을 갖추고 성적 파트너를 최대한 많이 둔다 해도 한 여자가 낳을 수 있는 자식의 수는 생물학적으로 제한되어 있다. 남자 역시 일정한 연령대에 이르면 번식이 불가능하게 되는 제한이 있긴 하지만 여자에 비해서는 훨씬 많은 자녀를 얻을 수 있다. 특히 성적 파트너를 많이 두면 자식 수를 크게 늘릴 수 있다. 성적 파트너의 수는 재산이나 사회적 권력의 정도에 좌우된다. 따라서 부유하고 권력 있는 남자가 자신의 유전자를 최대한 많이 전하려면 재산을 고스란히 아들에게 물려주는 것이 더 유리하다. 이것이 바로 부계제도가 확립된 이유다. 사실 재산을 나누지 않으려면 후계자를 한 명만 지목하는 것이 훨씬 현실적이며 미리 공식화하는 게 안전하다. 장자상속제를 시행하고 장남이 모든 재산을 물려받게 된 것이 그 때문이다.

바빌로니아, 잉카를 비롯한 고대 문명제국들과 그 뒤를 이은 대부분의 국가들에서 성적으로는 일부다처제, 사회적으로는 일부일처제, 재산 상속은 장자상속제를 선택한 이유가 바로 여기에 있다. 유전자를 남기기 위한 경쟁이라는 관점에서 일부다처제, 일부일처제, 장자상속제는 매우 강한 기능적 연관성이 있다.

로마 권력구조의 본질

로마인들 역시 일부다처제(성적)와 일부일처제(사회적)였지만 아들 하나에게 재산을 물려주는 사회적 규칙은 없었다. 하지만 그래도 아들 중 하나만 결혼시킴으로써 장자상속제 비슷한 규칙을 만들어놓긴 했다. 결혼하지 않은 아들은 재산을 상속받지 못했기 때문이다. 로마의 초대 황제인 아우구스투스는 이런 상황을 악용해 결혼과 출산을 장려하는 법을 제정했다. 독신인 남자들에게 사회생활의 모든 영역에서 실질적으로 불이익을 주는 법이었다. 로마인들이 성생활이나 자식 갖기에 얼마나 무관심했으면 이런 법까지 만들었을까 하고 생각할 수도 있겠다. 하지만 여기에는 자신의 권력을 안착시키기 위해 귀족 가문의 힘을 약화시키려는 황제의 정치적 계산이 깔려 있었다. 독신 생활을 하는 귀족의 차남들을 억지로 결혼시키면 그들 역시 상속자가 되고 그들이 낳은 자식들 역시 상속자가 된다. 귀족 가문들의 재산이 나눠지면 힘은 약해지게 마련이다. 그렇게까지 해서 힘을 약화시키려 했던 까닭은, 다른 곳에서도 마찬가지였지만 로마에서도 권력을 전복시키는 이들은 권력자 측근에 있는 귀족 명문가에서 나왔기 때문이다. 실제로 로마 귀족들은 아우구스투스의 법 때문에 심한 타격을 입었다. 이 법이 시행된 300년 동안 로마의 부자 가문들은 재산이 정기적으로 나뉘는 바람에 말 그대로 산산조각이 나버렸다. 이처럼 유산상속 규칙의 변화를 황제와 귀족 사이의 치열한 다툼이라는 관점에서 바라볼 수도 있다.

기원후 312년 콘스탄티누스 황제가 그리스도교로 개종하고 아우구스투스의 법을 폐지하면서 상황이 바뀌었다. 그때부터 장자상속제를 시행하여 상속자 수에 제한을 두는 것으로 법이 개정되었다. 그리스도교 입법자들은 입양이나 이혼, 재혼을 금지하는 것으로 조금씩 교회법을 바꾸어 상속자를 얻을 수 있는 기회도 줄여나갔다. 그리하여 불임이거나 아내가 일찍 사망하거나, 후계자가 딸밖에 없을 때 재산은 고스란히 교회에 귀속되었다. 교회는 주와 연 단위로 금욕기간을 정해 부부의 성생활에 직접 관여하기도 했다. 금욕기간을 충실히 지키면 일년 중 성생활을 할 수 있는 기간이 고작 93일밖에 되지 않았다. 물론 모든 사람이 금욕 기간을 충실히 지키진 않았겠지만 적어도 적법한 자식의 수를 줄이는 효과는 있었다. 그 결과 수많은 가정에서 상속자를 두지 못해 교회에 엄청난 부가 몰리게 되었다. 이러한 규칙들이 공포된 시기는 성직자들 대다수가 결혼을 하여 적법하거나 혹은 불법적인 성관계를 맺을 수 있던 때였다. 당시 성직자들은, 주로 그 부모가 장남에게 재산을 독점적으로 상속하기 위해 교회에 바친 부유한 귀족 집안의 차남이었다. 그렇게 성직의 길을 걷게 된 차남들은 교회법 덕분에 가로채게 된 장남들의 재산과 물질적 자산을 기반 삼아 교회 내에서 가정을 꾸리고 자식을 낳을 기회를 잡게 되었다. 따라서 교회에서 공포한 금욕 기간을 비롯한 여러 가지 윤리적 규칙을 장남과 차남 사이의 재산 분쟁이라는 관점에서 볼 수도 있겠다. 결국 가문의 상속인인 장남과 교회의 일원인 차남 사이에서 최종적인 상속자는 차남이 된 셈이다. 이러한 재산 분쟁은 결국 유전적인 이익을 놓고 벌이는 번식 전쟁으로도 해석할 수 있다.

재산상속 규칙과 혼인제도는 기능적인 연관 관계가 있으며, 권력 구조와 이해 관계에 따라 조정과 조작이 가해졌다. 황제와 왕, 귀족과 부자들의 전유물인 일부다처제는 사회적으로는 일부일처제와 장자상속제와 연결되어 있다. 그런데 여러 명의 여자를 성적으로 독차지하는 일부다처제는 다른 남자들 사이에 동요를 불러왔을 뿐만 아니라 그 밖에 다른 여러 가지 결과들도 발생시켰다.

하렘의 소유자는 성적인 독점권을 행사하기 위해 갖은 노력을 다했다. 사춘기가 되기 전까지 여성들이 하렘에 갇혀서 바깥에 나오지도 못하는 일이 다반사였다. 하렘이 처음 생겼을 때부터 환관들은 문지기 노릇을 한 것으로 보인다. 프랑스어로 환관은 eunuque(영어로 eunoch)으로, 어원은 고대 그리스어의 '침대를 지키는 사람'이란 뜻이다. 하렘을 지키는 환관의 전통적인 역할을 잘 보여주는 말이다. 좁은 출입문, 두꺼운 벽, 울타리, 성벽, 흉벽, 해자로 이루어진 하렘의 건축 형태를 봐도 여성들을 철통같이 가둬두려는 의지를 엿볼 수 있다. 하렘 지배자의 독점권, 다시 말해 '부성父性'을 침해하려고 시도하거나 침해한 사람들에게는 가장 참혹한 고문과 사지절단, 거세 등의 무시무시한 형벌이 기다리고 있었다. 이러한 형벌은 종종 당사자에게만 가해진 것이 아니었다. 잉카제국에서는 아내와 자식들은 물론 가족 전체, 친구들, 마을 주민 전체가 몰살당했고 아예 마을이 초토화되기도 했다.

전제군주제에서는 상식 밖의 판결도 많이 내려져 권력자의 심기를 조금만 거슬러도 사지가 절단되거나 사형을 당했다. 전제군주는 마음만 먹으면 여성들의 처지에 상관없이, 이미 결혼한 몸이라 해도 즉시 자기 것으로 만들었다. 로마 황제들도 그랬고 다호메이 왕국의 왕도 마찬가지였다. 프랑스에서도 수 세기 전에 정도는 약하지만 유사한 일이 종종 있었다. 루이 14세는 몽테스팡 부인의 남편을 궁정에서 멀리 떨어진 곳에 보내고 그녀를 애첩으로 삼았다. 나폴레옹은 푸레스 부인을 마음에 두고 애인으로 삼기 전에 그 남편을 멀리 떨어진 임지로 내보냈다. 또한 법도 불공평해서 사회적 지위에 따라 재판 결과가 크게 달라졌다. 로마제국에서는 사회적 지위가 낮은 사람이 죄를 지으면 사자 굴에 던져진다든가, 십자가에 못 박힌다든가, 산 채로 불태워진다든가, 짧은 기간이지만 검투사나 광부로 살아야 한다든가 등의 다양하고 참혹한 처벌을 받았다. 반면 똑같은 죄를 지어도 원로원 의원은 단지 원로원에서 쫓겨나는 것으로 벌을 대신했고, 지위가 높은 인물이 받는 최고의 형벌은 추방당하는 것 정도였다. 만약 여러분이 알래스카 원주민인 틀링깃족인데 도구나 무기를 훔쳤다고 해 보자. 처벌은 여러분이 어떤 사회적 지위를 차지하고 있느냐에 따라 달라진다. 훔친 물건이 같은 씨족 사람 것이면 돌려주기만 하면 된다. 다른 씨족 사람의 것인데 여러분이 그 사람보다 지위가 낮다면 죽임을 당할 수도 있다. 그런데 여러분이 그 사람보다 지위가 높다면 합의를 할 수도 있고 물질적인 보상을 해 주면 해결된다. 마지막으로 여러분의 지위가 엄청나게 높다면, 제정신으로 물건 따위를 훔칠리가 없으므로 분명 무시무시한 저주에 걸린 것이다. 주술사가 '진범'을 쉽게 찾아낼 것이며 그 사람이 여러분 대신 처형당할 것이다. 전제군주 사회에서는 어디서나 이런 부당한 사례가 넘쳐난다.

우리는 왜 먹고, 사랑하고, 가족을 이루는가?

산업화 이전의 모든 사회에서는 힘과 재력이 있는 남자들이 여자를 독점했다. 태어날 때는 남자와 여자의 수가 엇비슷해서 평균적으로 남자 한 명당 여자 한 명이 짝을 이루어야 한다. 그런데 권력자가 여자 한 명을 더 차지하면 다른 남자 한 명은 독신으로 살아야 한다. 따라서 일부다처제는 남자들 사이에 '번식 불평등'을 초래한다. 게다가 이렇게 여러 여자를 독차지하려면 부도 어마어마하게 쌓아야 하는데(여자들을 감시하고, 유지하고, 새로운 여자들로 교체하는 등), 이러한 부는 보통 사회의 밑바닥 계층을 노예로 만들어서 얻어냈다. 모든 사람의 목소리가 똑같은 중요성을 갖는 체제에서는 이런 상황이 당연히 유지될 수 없다. 따라서 일부다처제는 **필연적으로** 전제군주제에서만 유지가 가능하다. 반대로 말하면 모두가 평등한 사회체제에서 일부다처제는 유지될 수 없으며 일부일처제가 지배적인 혼인제도가 될 것이라고 보는 것이 타당하다. 혼인제도는 이렇게 정치체제와 밀접한 관련이 있다.

지금은 어떨까?

프랑스의 경우 1789년 혁명이 일어나 귀족의 특권이 사라지고 전제군주제와 계급사회가 막을 내렸다. 모든 시민은 법 앞에 평등하다고 선포되었으며 장자상속제가 폐지되었다. 18세기 말에 진행된 이런 갑작스런 사회 변혁 이후 번식 불평등은 전반적으로 감소했고, 지금도 느리지만 꾸준히 감소하고 있다.

남성의 사회적 지위와
번식 능력의 상관 관계

스포츠 챔피언이나 유명 배우, 국가 원수, 팝스타와 같은 남성들의 여성 편력에 대해 수많은 일화들이 떠도는 걸 보면, 현재도 경제적·사회적·미디어적 가치에 따른 사회적 지위와 섹스 파트너의 수 사이에는 밀접한 관련이 있는 것 같다. 미디어에 등장하지 않는 사람들을 살펴봐도 사회경제적 지위와 여성들과 성적으로 접촉하는 빈도 사이에 연관성이 있다. 지위가 높을수록, 물론 옛날의 하렘과는 비교도 안 되게 적긴 하지만, 섹스 파트너의 수가 많다.

사회경제적 지위와 자녀 수 사이에 어떤 관계가 있는지 확실하게 밝혀놓은 참고문헌은 없지만 최근에 사회경제적 지위가 높은 남성일수록 자녀수가 많다는 사실을 밝힌 연구 결과가 여럿 나왔다. 자녀수가 많은 것이 다윈적 관점에서 가장 좋은 대책은 아닌 듯 하지만 재산과, 어느 정도까지는 지위도 상속된 후에 어떤 결과가 생길지는 수 세대에 걸쳐 지켜봐야 할 일이다. 따라서 각 남성이 수 세대에 걸쳐 얼마나 많은 손자와 자손을 갖는지 알아볼 필요가 있다.

사생아에 관한 수치가 무척 흥미롭다. 여성들은 비밀스럽게(종종 무의식적으로) 번식을 조절할 수 있는 수단을 다양하게 갖고 있는데 거기엔 아이의 생부에 대한 선택도 포함된다. 사생아의 비율은 확실히 남편의 사회경제적 지위에 따라 달라진다. 사회적 지위가 높은 부친에 대해서는 사생아 비율이 매우 낮은데 지위가 낮으면 그 비율이 높다. 하지만 남의 자식을 제 자식으로 알고 키우는 이른바 '뻐꾸기 아빠'에 대한 조사에서 사회경제적 지위를 고려한 연구 결과는 아직 극히 드물다. 그래서 아직은 사회적 지위와 사생아 비율과의 상관관계에 대한 확실한 결과는 없는 셈이다. 하지만 사실 동물들을 대상으로 한 수많은 연구에서 비슷한 결과를 얻었기 때문에 깜짝 놀랄 다른 결론이 나올 것 같지는 않다. 어쨌거나 예전에 비해 확실히 많이 줄어들긴 했지만 우리 사회에서 남성들의 사회경제적 지위에 따른 번식 차별은 여전히 끈질기게 지속되고 있다. 반면 여성들의 지위는 근본적으로 변화한 것처럼 보인다.

여성 해방이 시작되다

1791년 올랭프 드 구즈가 제창한 〈여성과 여성 시민의 권리 선언〉이 공식적으로 채택되지는 못했지만, 20세기를 거치면서 여성 해방은 눈부시게 발전했다. 정치 영역에서 프랑스 여성들은 1945년부터 투표권을 행사할 수 있었다(약 35개국이 프랑스보다 먼저 여성에게 투표권을 주었으며, 최초는 뉴질랜드로 1893년, 그 다음은 1902년 오스트레일리아다).

1945년 '여성 임금'이 폐지되면서 프랑스 여성들은 경제적 독립을 향해 앞으로 한 발자국 내디뎠다. "같은 일을 하면 임금도 똑같이"라는 개념은 이후로 법이 개정될 때(최근의 법 개정은 2005년에 있었다)에도 계속 이어졌다. 그리고 1965년이 되어서야 프랑스 기혼 여성들은 겨우 남편 동의 없이 직장을 구하고 은행 계좌를 열 수 있었다.

여성들이 가족과 부부 사이에서 독립권을 갖게 된 첫 진전은 1938년에 있었다. 남편에 대한 복종 의무를 명시한 법 조항이 삭제된 것이다. 하지만 모든 중요한 문제를 혼자서 결정할 수 있는 '가장'은 1970년까지 여전히 남편이었다. 1975년 남편이 아내의 통신(전화나 편지)을 통제할 수 있도록 한 법 조항이 삭제되었다. 같은 해 쌍방 합의 이혼이 가능해졌다. 1990년 부부 강간이 범죄로 규정되었고, 1992년부터는 부부나 동거인 사이의 가정 폭력에 중형이 선고되기 시작했다.

프랑스 여성들은 20세기 중후반이 되어서야 번식에 대한 자율권을 얻을 수 있게 되었다. 1943년까지만 해도 여성 낙태시술자가 단두대에서 처형되었다(이후론 그런 일이 없긴 했다). 1955년부터 인공임신중절이 허용되었지만 여성의 권리적 측면을 고려한 선택적 인공유산은 1975년에 합법화했다. 피임은 1967년에 합법화되었고 1974년부터 경구피임약에 의료보험이 적용되었다. 2000년부터는 사후피임약이 약국에서 일반의약품으로 판매되고 있다.

1972년 법정상속인을 지정하는 사회적 절차로서의 결혼 개념이 법 조항에서 삭제면서, 혼외 자녀가 혼인중 자녀와 동등한 법적 지위를 갖게 되었다.

남성우위적인 사회분위기가 후퇴하고 사회적·성적·번식적 측면에서 여성 해방이 계속해서 이어지고 있다. 이런 현상은 우리의 진화 역사에서 새로운 일일까?

성性의 평등과
정치의 민주화

"과거 모권사회 시대에는 상황이 완전히 달랐다는 이야기를 자주 들었어요. 예전에는 여성들이 권력을 쥐고 있었는데, 어떻게 이런 남성우위 사회가 되어 버린 거죠?" 요즘 나오는 사전들을 들춰보면 모권제matriarchy가 "여성들이 가족 내에서 지배적인 권위를 행사하고 정치활동을 한 사회적·정치적·법적 체계"라고 나온다. 그런데 아무리 찾아봐도 사전에는 모권제의 실제 사례가 나오지 않는다. 눈에 띄는 것은 그저 반쯤 고백하듯 이어지는 다음과 같은 문구뿐이다. "순수한 모권제는 극히 드물게 존재한다고 해야겠다." 사실 모권제는 19세기 말 어떤 인류학자가 만들어낸 신화로, 인류 사회에서는 한 번도 관찰되지 않았기 때문에 현대의 민족학자들이 더는 사용하지 않는 용어다. 흥미롭게도 이 용어는 각종 사전에서 계속 비중 있게 다뤄지고 신화적인 의미를 유지하고 있다. 어쨌든 기존 사회체제에서 여성이 남성을 지배한 적은 한 번도 없었던 듯하다.

20세기 여성 해방이 진행된 과정을 보면 알 수 있듯이 남성우위 사회가 절대적인 것은 아니다. 하지만 서구 여성도 침팬지와 비슷하게 생긴 보노보를 따라잡으려면 아직 멀었다. 보노보 암컷들은 모두 수컷들보다 서열이 높은데, 그 덕분에 침팬지보다 더 평화로운 사회를 유지한다. 집단 간에 다툼이 벌어지면 성교를 통해 긴장을 해소하기 때문이다. 암컷들은 동성애 관계를 유지하며 강한 유대감을 형성해 집단 내에서 계속 우위를 점한다.

침팬지와 보노보 사회의 정치 체제와 번식 방식을 비교해 보면 무척 놀랍다. 수컷 침팬지는 우두머리 자리(알파 지위)에 오르려고 여러 다른 수컷들과 동맹을 맺고 2인자 수컷(베타 지위)을 감시한다. 2인자가 다른 수컷과 힘을 모아 자신을 몰아낼 수도 있기 때문이다. 알파 수컷은 암컷들 대부분을 독점하고 번식하지만 베타 수컷은 암컷 몇 마리만 차지한다.

보노보와 침팬지의 조상이 어떤 정치적·성적 체제를 유지했는지는 알지 못하고, 이들과 인류와의 공통 조상이 어떠했는지에 대

우리는 왜 먹고, 사랑하고, 가족을 이루는가?

해서는 더구나 아무런 정보가 없다. 하지만 수컷이 지배하던 사회가 암컷 우위 사회로 어떻게 이행했는지에 관한 진화적인 세부 사항은 아직 제대로 연구되지 않았지만, 이런 변화가 분명 적어도 한 번은 있었을 것이다. 따라서 현재 진행되고 있는 변화는 매우 흥미롭다. 적어도 여성에게 접근하는 남성들 간에, 혹은 성적 파트너를 찾는 남성과 여성 사이에 완전히 동등한 기회를 얻게 될 것이라는 예상은 해볼 수 있지 않을까?

그렇더라도 완전한 평등은 몇 가지 장애물에 부딪치게 될 것이다. 개인별로 생물학적 차이가 나는 이유는 우선 인구집단 내 유전적 다양성 때문이다. 유전적 다양성에는 부정적인 유전자와 긍정적인 유전자 모두 포함된다. 하지만 이밖에도 출생순서(5장 참조), 영양 섭취(1장 참조), 살면서 겪는 우여곡절, 다양한 개인적 경험 등의 후천적인 차이가 각자 다른 인간을 만든다. 생물학적이건 후천적이건, 그 차이는 간혹 번식의 영역에서 양성 모두에게 불평등을 초래할 수도 있다. 신체 혹은 인지 능력의 심각한 결함 같은 극단적인 상황에 처할 때 이런 불평등은 더욱 뚜렷이 나타난다. 하지만 좀 더 보편적인 여러 특성들에서도 불평등이 여전히 나타나므로 번식에 외부적 영향이 전혀 작용하지 않는다고 생각하는 것은 무척 서투른 접근법이다. 예를 들어 평균적으로 키가 큰 남성이 번식적 측면에서 훨씬 성공 확률이 높지 않은가. 따라서 완전한 평등을 주장하는 건 헛된 희망에 불과하다. 태어날 때부터 평등한 권리를 가졌다고 선포할 수 있고, 교육과 영양 섭취 등의 불평등을 줄이기 위해 사회적으로 노력할 수도 있지만 도저히 줄일 수 없는 불평등도 있다. 출생순서에 따른 차이를 없애고 완전히 평등하게 하려면 외동들만 낳아야 하는데, 그렇게 되면 인구가 줄어들게 된다. 무미건조한 복제인간들의 세상이 아니고서야 유전적인 평등도 이룰 수 없다.

개인의 사회적 지위에 따라 법 적용이 불평등하게 이루어지는 것은 또 어떤가? 루이 14세 치하의 절대 왕정 시대에 살던 라퐁텐은 "당신이 권력을 가졌느냐 가난하냐에 따라 법정의 판결은 당신을 흰색 아니면 검은색으로 만들 것이다"고 말했다. 이 짤막한 글귀는 지금도 여전히 권력자들에게는 관대한 부인할 수 없는 사법 현실을 꼬집고 있다.

오직 한 남자만 투표권을 갖고 있어 모든 사람에게 영향을 미치는 결정을 혼자서 내릴 수 있게 되면, 그는 대체로 자신에게 이익이 되도록 결정을 내릴 것이고, 번식에 관련된 자원은 직접적으로 독점하면서, 그것을 획득하는 데 필요한 간접적인 물적 수단도 배타적으로 소유할 것이다. 이러한 독점은 다른 사람들을 희생시키기 때문에 당연히 폭력적일 수밖에 없다. 따라서 역사와 인류학이 확인해 주듯, 모든 사람이 투표소에서 투표권을 한 장씩 행사하는 것과 번식적 측면에서 여성을 한 명씩 독점하는 것 사이에는 깊은 관련이 있다. 절대왕정 체제 이후로 사회적 규칙과 법이 많이 바뀌어 현재 우리 사회는 예전보다 훨씬 덜 전제적이고, 한 남성이 터무니없이 많은 수의 여성을 독점하는 일도 사라졌다. 다시 말해 훨씬 더 민주적인 사회가 되었다. 이런 흐름은 확실히 앞으로도 계속될 것이다.

Cro-
Magnon
toi-
même!

4 인간은
왜
암수한몸이
아닐까

● 남자와 여자

"내가 여성을 남성보다 좋아하는 이유는 여성들이 더 균형감이 없기 때문이다. 그래서 여성들은 더 섬세하고, 더 예리하고, 더 냉소적인데, 이런 신비로운 우월함은 천 년 동안 노예로 살았기에 얻어진 것이다." 이 말은 여성과 남성의 차이에 대한 한 철학자(에밀 시오랑)의 지극히 개인적인 생각이다. 문학 작품을 보면 남성과 여성을 특징짓는, 다시 말해 구별 짓는 여러 가지 다양한 성격들이 나온다. 물론 모든 사람이 동의하는 것은 아니다. 한 유명한 여성 인류학자는 "사실 남성과 여성은 신체적으로나 지적으로나 똑같은 능력을 갖고 있다"고 말한다. 그러면서 남자아이들이 여자아이들보다 돌멩이를 더 멀리 던지는 것은 단지 문화적 조건화가 빚어낸 결과일 뿐이라고 설명한다. 남자아이가 잘 던지면 칭찬을 해 주고, 여자아이가 잘 던지면 "여자애가 힘만 세다"는 식으로 핀잔을 주어서 그렇다는 것이다. 거기에 힘의 차이에 대한 사회적인 믿음이 이런 상황을 더욱 부추긴다. 여자아이들이 인형을 좋아하고 남자아이들이 장난감 트럭을 좋아하는 이유는 각각의 장난감을 성별에 따라 마땅히 '좋아해야만 하는' 아이에게 주기 때문이다. 그렇게 사람들은 문화적 선호를 만들어간다. 여자아이들이 분홍색에 열광하는 이유를 어떻게 다르게 설명할 수 있을까? 문화와 사회적 규칙이 전지전능한 힘을 휘둘러 우리를 완전히 좌지우지한다! 과연 정말 그럴까?

이렇게 성별의 차이가 사회적·문화적으로 만들어졌다는 주장은 오늘날 흔히 통용되고 있으며 이제는 좀 진부해지기까지 했다. 여기서 이 주장 자체에 대해 왈가왈부 하지는 않겠지만 이렇게 사회와 문화에만 탓을 돌리다 보면 그 한계에 대해 진지하게 논의하기가 어렵다. 아마 문화나 교육, 그 밖의 다른 사회적 요인들이 성별의 차이에 실질적으로 거의 아무런 영향을 끼치지 못한다고 한다면 꽤 놀랄 것이다. 하지만 그에 못지 않게 놀라운 점 한가지. 생명의 본질적인 특징이 여럿 있겠지만 그 어느 것도, 동물계에 수억 년 전부터 존재해온 암수차이 만한 것이 없다는 점이다.

생물계에서 암수의 차이

눈앞에 동물이 한 마리 있다고 하자. 암컷인지 수컷인지 어떻게 알아낼 수 있을까? 그 동물이 개라면 뒷다리 사이를 살펴보기만 하

우리는 왜 먹고, 사랑하고, 가족을 이루는가?

면 된다. 거의 대부분의 포유류에게 통용되는 확인법이지만 모두 그런 건 아니니 주의하는 게 좋다. 암컷 점박이하이에나의 음핵은 수컷의 음경과 비슷하게 생겨서 구분하기가 어렵다. 따라서 포유류의 성기를 관찰해서 성별을 알아내는 것은 100퍼센트 확실한 기준이 아니다. 더구나 대부분의 조류와 어류를 비롯한 수많은 동물 종들의 수컷들은 음경이 없다. 알을 품는 것이 암컷만의 일도 아니어서 몇몇 조류는 역할을 바꾸기도 한다. 알은 물론 암컷이 낳지만 낳은 즉시 수컷이 알을 받아서 애지중지 품고 돌보는 것이다. 더욱 신기한 것은 암컷만 새끼를 낳는 것도 아니라는 사실이다. 새끼 해마는 아빠의 뱃속 육아낭에서 자라다가 태어난다. 이렇게 동물마다 사정이 다른데 어떻게 암수를 구별할 수 있을까?

성별의 정의는 번식과 밀접한 관련이 있다. 자식을 낳으려면 성별이 다른 두 개체가 필요하고 유전 물질을 반씩 포함한 '생식세포'라고 불리는 세포를 각자 가지고 와야 한다. 이 생식세포들이 합쳐지면 수정란이 생성되고 수정란이 세포 분열을 하며 성장을 하게 된다. 동물계에서는 보통 각 개체가 가진 생식세포 크기에 차이가 있다. 정의하자면 작은 생식세포를 생산하는 개체를 수컷이라고 하고, 커다란 생식세포를 생산하는 개체를 암컷이라고 한다. 이렇듯 생식에 있어 서로 다른 분담 정도가 성별을 정의하는 기본이다. 정자의 크기가 난자에 비해 아주 작다는 것은 모든 수컷들의 유일한 공통점이다. 인간의 정자는 난자보다 약 2만 배 작다.

왜 이런 상황이 벌어졌을까?

성선택

　　　　　　　원래 정자와 난자는 같은 크기였는데 자
연선택에 의해 차이가 나게 되었다. 생식세포 크기가 약간만 커져
도 자손의 생존율이 높아지기 때문이다. 크기가 커지면서 생산되
는 생식세포의 수가 적어지기는 했지만 그래도 이렇게 크기가 커지
도록 만든 돌연변이는 전체 집단으로 확산되었다. 동시에 상대편
생식세포의 크기는 작아지는 또 다른 변화가 진행되었는데, 그렇
게 되면 자손의 생존 기회는 줄어들지만 생식세포의 수가 늘어날
수 있다. 다시 말해 잠재적인 자손의 수가 늘어난다는 얘기다. 이
런 진화 과정은 두 개체 모두에서 빠르게 일어나 한쪽은 커다란 생
식세포를 적은 수로 생산하게 되었고, 다른 한쪽은 작은 생식세포
를 많이 생산하게 되었다. 그리하여 수억 년 전부터 수컷과 암컷은
상호보완적이기는 하지만 완전히 다른 두 가지 번식 전략에 순응
하게 되었다. 물론 수컷과 암컷의 서로 다른 전략은 비단 생식세포
에만 제한된 것이 아니다. 외모와 행동을 비롯한 성별 간의 여러
차이점은 각 성별로 특화된 다양한 선택(다윈적 성선택)의 산물이다.
어떤 종의 수컷들은 암컷에게 접근하려고 자기들끼리 치열하게 다
툰다. 수탉의 며느리발톱이나 사슴의 커다란 뿔은 수컷들에게만

있는 무기다. 암컷이 여러 수컷들 중에 하나를 선택하는 종도 있다. 그런 종의 수컷들은 암컷을 유혹하기 위해서 갖가지 수단을 동원한다. 수컷 제비의 길쭉한 바깥 꽁지깃, 유명한 수컷 공작의 화려한 꽁지깃(윗꽁지덮깃), 수컷 청개구리의 울음소리, 수컷 밤꾀꼬리의 아름다운 노랫소리, 수컷 녹색검상꼬리송사리의 칼처럼 뾰족한 꼬리지느러미 등이 그렇다. 동물계에서 '수컷 사이의 경쟁'과 '암컷의 선택'은 성별 간의 차이를 설명해 주는 선택의 두 가지 메커니즘이다.

그런데 포유류의 암컷은 커다란 난자를 생산하는 것만으로 만족하지 않는다. 난자가 정자와 수정되면 암컷은 수정란을 자궁에 품고 태반으로 영양을 공급해서 키운다. 그러다 새끼가 태어나면 젖을 먹이며 보살핀다. 수컷은 임신한 암컷에게 먹이를 공급해 주는 것 말고는 임신 과정에 적극적으로 참여할 수 없다. 하지만 수컷도 혹시 수유에 도움을 줄 수 있지 않을까?

젖가슴은 암컷의
전유물인가?

박쥐 중에는 암컷이 정말로 자유롭게 사는 종이 있다. 이 종의 어미 박쥐는 갓 태어난 새끼를 아비에게 맡기고 여기저기 돌아다닐 수 있다. 아비 박쥐가 새끼들을 돌보고

젖까지 먹이니까 가능한 일이다. 이상하게도 이렇게 젖을 먹일 수 있는 포유류 수컷은 매우 드물다. 어떤 제약이 있어서 자연선택이 이루어지지 않은 걸까? 젖가슴이 젖을 만들어내는 기능을 제대로 못해서, 수컷은 젖을 먹이지 않는다고 설명을 해야하나, 아니면 젖을 생산하기 위해 들어가는 노력과 수유하는 시간이 다원적 관점에서 이득이 없어 젖이 안 나오는 걸까? 포유류 중에 새끼를 돌보는 수컷이 드물다는 점도 주목할 만하다. 전체 포유류 중 약 5퍼센트에 지나지 않는데, 이런 상황은 젖을 먹이는 수컷들이 왜 드문지를 부분적으로 설명해 주기도 한다.

수컷들이 새끼들을 돌보는 수고를 아끼지 않는 극소수의 포유류에 속하는 인류는 어떨까? 해부학자들은 남성들에게 젖가슴뿐만 아니라 젖샘(유선)도 있다는 사실을 알려준다. 어린이나 어른 남성도 호르몬을 주입하거나 젖꼭지를 물리적으로 자극하면 젖이 나올 수 있다. 특정한 상황에서 남성의 젖가슴에서 젖이 저절로 나올 때도 있다. 집단수용소에서 살아남은 남성들의 증언을 들어보면 어쩌다 한 번 잘 먹을 때는 일정 기간 동안 젖이 나오는 일이 자주 있었다고 한다. 남녀를 불문하고 가끔 신생아들의 젖꼭지에서 젖이 나오기도 하고(프랑스에서는 '마녀의 젖'이라고 한다) 젖을 먹이는 아빠의 사례까지 보고된 적이 있다. 따라서 남성이 젖을 먹이지 않는 이유가 반드시 남성 젖가슴의 생리적인 장애 때문이라고만은 하기 어렵다. 게다가 진화적 관점에서 보면 이러한 신체적 장애는

우리는 왜 먹고, 사랑하고, 가족을 이루는가?

일시적인데 자연선택이 이미 이루어졌다면 이런 상황이 계속 유지되기도 하겠지만, 필요하다면 다시 생길 수도 있기 때문이다. 여기서는 일단 인간 남성이나 대부분의 포유류 수컷들에게 수유에 대한 투자를 확대시킬 만한 자연선택은 이루어지지 않았다는 결론을 내리고 다음으로 넘어가자.

실험실의 동물들

여러분은 아마 자신도 모르는 사이에 이 벌레를 밟은 적이 있을 지도 모른다. '예쁜꼬마선충*Caenorhabditis elegans*'이라는 귀여운 이름의 이 조그만 벌레는 땅속에 살며 몸길이가 겨우 1밀리미터 정도밖에 되지 않는다. 그래도 생물학계에서는 아주 유명하고 귀중한 동물이다. 다세포 생물 중 최초로 유전자 해독이 완료되어 생체가 어떻게 조직되었는지 잘 알려져 있기 때문이다. 예쁜꼬마선충은 수컷과 자웅동체(암수한몸)의 두 가지 성으로 나뉜다. 난자와 정자를 모두 생산하는 자웅동체는 배우자 없이 혼자 수정을 할 수도 있고 수컷의 정자를 받아서 새끼를 낳을 수도 있다. 이러한 번식 전략의 차이 말고 수컷과 자웅동체는 생물학적으로 어떻게 다를까? 예쁜꼬마선충의 자웅동체는 정확히 959개의 세포로 이루어져 있고 수컷은 크기가 조금 작지만 세포 수는 1031개로 오히려 더 많다. 신경 체계도 다르다. 자웅동체는 신경세포

(뉴런)가 302개(그 중 8개는 수컷과 다르다)이고, 수컷은 383개(그중 89개는 자웅동체에게 없다)이다. 세포 중 30~40퍼센트가 성별에 따라 다르다. 이렇게 다른 해부학적 구조로 인해 수컷과 자웅동체는 유전적 기능이 뚜렷이 다르다. 수컷과 자웅동체 사이에 다르게 발현되는 유전자가 2171개나 있다(전체 게놈의 약 12퍼센트).

과일을 먹고 나서 치우는 걸 깜빡 한다면 이내 초파리가 날아다니는 것을 보게 된다. 이 초파리를 과학계에서는 '노랑초파리 *Drosophila melnogaster*'라고 부른다. 윙윙 날아다니는 암컷 초파리는 몸길이가 2.5밀리미터로 비교적 작다. 수컷은 그보다 조금 더 작고²밀리미터 외모도 약간 다르게 생겼지만(털, 몸 색깔) 얼핏 봐서는 구분하기가 쉽지 않다. 사실 외형만 봐서는 암수 구분이 정말 쉽지 않다. 노랑초파리의 1만 4142개 유전자 중에 약 35퍼센트가 성별에 따라 다르게 발현된다.

조그맣지만 사람들을 당장 의자 위로 뛰어 올라가게 할 만큼 강력한 힘을 지닌 동물, 집쥐를 살펴보자. 외형만 봐서는 암수를 전혀 구분할 수 없지만 수컷이 어미 쥐의 뱃속에 있을 때부터 약간 크기는 하다. 그러나 집쥐 수컷과 암컷은 유전자 수천 개가 다르다. 뇌에는 약 650개의 유전자가 다르게 발현하는데 전체 뇌 유전자의 약 14퍼센트에 해당하는 수치다. 이 유전자들 중 반이 암컷의 뇌에 우선적으로 과다 발현되고 나머지 반이 수컷의 뇌에서 과다 발현된다. 좀 더 범위를 넓히면 모든 척추동물(어류, 조류, 파충류,

우리는 왜 먹고, 사랑하고, 가족을 이루는가?

양서류, 포유류 등) 집단에서 암컷과 수컷 뇌에서 차이가 발견되었다.

이렇게 선충, 곤충, 포유류 한 마리씩을 살펴보고 나니 일정한 결론에 이르게 된다. 암컷과 수컷은 생물학적으로 서로 다른 개체라는 것이다. 암수의 게놈은 전체적으로 같지만 기능이 각 성별에 맞춰 특화되어 있는 듯하다. 이제 우리 인류와 가까운 종의 성별 간 차이점을 알아보자.

우리의 사촌, 원숭이

집단을 지배하는 1인자 수컷에 암컷 고릴라가 정면으로 맞서는 것은 쉽지 않은 일이다. 수컷이 키도 훨씬 크지만 무엇보다 몸무게가 두 배 반이나 더 나가기 때문이다. 주로 사춘기 시기부터 두드러지기 시작하는 이러한 체격 차이는 유전적인 것이다. 동물원에서 사육된 수컷 고릴라 역시 체격이 우람하다.

고릴라 암수 간에 체격 차이가 나는 이유를 진화 관점에서 설명하면 수컷들끼리 치열한 싸움을 벌여야 하기 때문이다. 어른 수컷 고릴라들은 자주 마주쳐서 서로를 평가하고, 도발하고, 가끔 싸우기도 한다. 수컷끼리 싸움을 벌일 때 몸집이 가장 큰 개체가 신체적으로 유리하고 그 결과 하렘에 더 많은 암컷들을 끌어들일 수 있다. 몸집이 큰 개체들은 암컷들을 더 오래 거느릴 수도 있다.

그렇게 되면 몸집을 크게 만드는 유전적 요인들이 더 많은 후손들에게 전해져서 어느 정도 세대가 지나면 자연선택으로 인해 수컷들의 평균 체격이 커진다. 고릴라보다 우리와 더 가까운 영장류인 침팬지와 보노보도 수컷이 암컷보다 몸무게가 더 많이 나가고 키가 더 크다.

신대륙원숭이들은 암수의 체격 차이가 눈에 띌 정도로 많이 나지는 않는다. 대신 암컷과 수컷은 세상을 서로 다른 눈으로 바라본다. 수컷들은 색깔을 구별하는 원추세포가 두 개밖에 없는데 반해, 암컷들은 대부분 세 개가 있다. (과일을 일상적으로 먹는 종들에 해당하는 얘기겠지만) 과일 중에는 먹기 좋게 무르익으면 색깔이 변하는 것들이 많이 있다. 암컷 명주원숭이common marmoset는 초록색 배경에 있는 오렌지색 과일들을 구별해 낼 수 있지만 수컷들은 쉽게 구별하지 못한다. 그 색깔을 감지하는 원추세포가 없기 때문이다. 수컷들은 원추세포 두 개만으로 색깔을 구별해야 하지만, 대신 위장한 곤충 같은 동물성 먹이들을 용케 잘 찾아낸다. 암컷과 수컷은 각자 보이는 색깔이 다른 세상에 살고 있다. 이러한 유전적 차이는 성별에 따라 적성을 다르게 하고 행동과 수행 능력의 차이까지 낳는다. 그렇다고 암수 사이에 계급이 나뉘지는 않는다. 암컷은 수컷이 하지 못하는 잘 익은 과일을 찾는 것 같은 특정 기능에 더 뛰어난 한편, 수컷은 위장한 동물성 먹이를 재빨리 탐지해 내는 다른 기능에 더 뛰어나다.

우리는 왜 먹고, 사랑하고, 가족을 이루는가?

이렇듯 원숭이들의 암컷과 수컷은 몸무게와 키를 비롯한 몇몇 부분에서 차이를 보이는데 그 차이는 주로 생물학적 영향 때문으로 여겨진다. 그 밖의 다른 차이점들에 대해서, 특히 인지적인 부분에 관해서는 아직 정보가 별로 없다.

이제 가장 많이 연구되었지만, 다양한 선입견으로 가득 차 있는 인간의 경우를 보자.

남녀는 신체 구조상 체급이 다르다

경쟁 스포츠 종목에서는 신체 능력에 확연한 차이가 나는 선수들끼리 맞붙게 하지 않기 위해 등급을 나눈다. 몸무게에 따른 체급뿐만 아니라 연령대별, 성별에 따라서도 나눈다.

남녀를 나누어 경기를 하는 종목은 수영, 멀리뛰기, 장대높이뛰기, 육상, 역도, 테니스, 격투 종목 등 다양하다. 각 종목의 남녀 챔피언을 비교해 보면 평균적으로 여자 선수들이 항상 남자 선수들의 경기 능력에 조금 못 미친다. 대체적으로 남자들의 신체 구조가 스포츠 활동에 더 유리하기 때문에 생기는 결과이긴 하지만 사회적인 분위기도 한 몫 한다. 여자는 남자에 비해 스포츠에 매력을 덜 느끼거나 권유를 덜 받고 스포츠 활동에 참여하라는 부추김을 덜 받는다. 그래서 스포츠 선수로 덜 발탁되고 가장 높은 수준의 선수들의 경기 능력도 남자 선수들에 못 미치게 되는 것이다. 챔피언으로 성장하기 위해서는 훈련만으로 충분하지 않고 신체적, 유전적 조건을 타고 나야 한다. 아마추어 스포츠 선수들은 어디에나 많이 있지만 지역 대회에 출전하는 선수들의 수는 그보다 적고, 전국 대회에 출전하는 선수들은 그보다 더 적다. 이런 모든 대회에서 신체적으로나 유전적으로 가장 소질이 있는 선수들이 더 높은 수준으로 올라갈 기회를 많이 잡기 때문에 가장 높은 수준의 대회에서는 그야말로 비범한 선수들만 모인다.

여자들이 스포츠 활동에 참여하고 스포츠 선수로 활약하는 것을 적극적으로 권장하면 남자와 여자 챔피언 사이에 평균 기록 차이가 없어질 수도 있다. 미국 수영계에서 실제로 그런 일이 있었다. 하지만 정식 대회건 재미 삼아 누구나 참가하는 대회건 육상 종목에서는 남자들이 여자들보다 훨씬 빨리 달린다. 이렇게 남자들이 뛰어난 것은 해부학적, 혹은 생리학적으로 설명되는 생물학적 조건 때문이다. 예를 들어 남자들은 평균적으로 여자들보다 다리가 더 길다(신장에 비해 상대적으로). 심장과 폐도 더 커서(역시 신장에 비해 상대적으로) 혈액 속에 더 많은 산소를 운반할 수 있으며, 근육 운동을 할 때 생성되는 피로물질(젖산)을 제거하는 능력도 더 좋다.

창, 해머, 포환, 원반, 던지기도 남자의 경기 능력이 월등하게 뛰어난 종목이다. 남자들은 여자들보다 더 정확히, 그리고 더 멀리 던진다. 열두 살쯤 된 가장 잘 던지는 소녀들의 실력이라고 해

봐야 겨우 가장 못 던지는 또래 소년과 비슷한 수준에 지나지 않는다. 만 세 살 때부터 벌써 두드러지게 나타나는 이러한 수준 차이는 남자아이들은 세 살도 되기 전에 집중적으로 던지기 훈련을 받는 것은 아닌지 상상하게 만들 정도로 뚜렷하다. 남자아이들은 여자아이들보다 노뼈(요골)와 자뼈(척골)팔의 하단부 양쪽에 있는 뼈가 신장에 비해 상대적으로 더 길다. 긴 팔은 더 멀리 던지는데 확실히 유리하다. 엄마 뱃속에 있을 때부터 팔 길이 차이가 나는 걸 보면 남성이 던지기를 잘 하는 건 역시 생물학적 이유 때문이라고 결론 짓게 된다.

아들과 딸을 모두 키우고 있다면 아마 알 텐데 남자아이들은 대체로 소란을 피우고 떼미는 등의 공격적인 놀이를 더 좋아한다. 아이들이 이런 놀이를 선호하는 것은 어쩌면 어른들의 특성을 미리 예고하는 것일 수도 있다. 성인 남자들 사이에 신체적 경쟁이 치열한 사회일수록 남자아이들은 더 공격적인 놀이를 즐긴다. 어린이들의 놀이에 나타나는 공격성의 차이는 문화적인 걸까? 그럴지도 모르지만 이러한 공격성은 다른 수많은 영장류나 포유류들에게도 나타난다. 자궁 속 호르몬 노출에 크게 영향을 받는 듯도 하다. 남녀 상관없이 태아가 자궁 속에서 남성호르몬에 과다 노출되면 놀이의 공격성이 높아진다.

신체 능력의 생물학적 차이는 종종 가족이나 문화적 환경에 따라 강화되기도 한다. 신체 능력을 많이 사용하는 직종에서 여자아이들을 배제하고 남자아이들에게만 기술을 전수하고 훈련시킨다면 성별 간 차이는 더욱 심해질 수밖에 없다. 다음으로 남녀의 머릿속에서 어떤 일이 일어나는지 살펴보자.

남자는 말을 안 듣고, 여자는 주차를 못 한다

남녀의 뇌를 각각 놓고 비교한 다음 차이점을 알아보는 실험을 해보자. 뇌 반구의 불균형이 같은 방식으로 나타나지 않고, 한쪽은 회질이 더 많은 반면 다른 쪽은 백질이 더 많다. 해마나 신피질과 같이 '인지' 기능을 담당하는 부위를 비롯한 뇌 부위 대부분에서 해부학적 세부사항이 다르다. 좀 더 정밀한 기기를 사용하여 관찰해보면 신경전달물질 대부분에서 차이점이 발견된다. 신경전달물질은 신경세포들이 다른 신경세포들에게 영향을 줄 목적으로 만들어내는 화학적 신호다. 생소한 단어를 발음하는 일 같이 상대적으로 간단한 과업을 수행하는데 활성화되는 뇌 부위가 남자와 여자에 따라 다르다. 아마도 여러분이 흰 가운을 입고 분자생물학 실험기기로 무장한다면 앞에서 살펴 본 실험실의 동물들처럼 유전자가 성별에 따라 다르게 발현된다는 것을 알게 될 것이다.

　남녀 뇌의 수행 능력은 어떨까? 이렇게 해부학적, 생리학적으로 다르고 분자 수준에서도 차이가 있는 만큼 기능적으로 차이가 난다 해도 놀랄 일은 아니다. 이런 결과는 이제 너무나도 많이 알려져 있다. 평균적으로 여자들은 남자들보다 언어를 잘 익히며 사용 능력이 뛰어나다. 또한 여자들은 표정을 파악하는 데 뛰어나고 다른 사람의 심리 상태를 잘 알아내며, 물건들의 위치를 더 잘 기억한다. 반면 남자들은 평균적으로 심상회전어떤 물건을 머릿속으로 돌려 보고 모양 변화를 알아내는 능력, 어떤 물체의 속도를 가늠하고 그것이 어디로 갈 것인지 예측하기, 머릿속으로 어떤 장소의 위치를 지도처럼 구현해내기를 더 잘한다. 시각, 청각, 기억력, 감정, 방향감각, 손의 편측성偏側性, 스트레스 호르몬의 작용 등 모든 영역에서 남자와 여자는 뚜렷하게 차이를 보인다. 이러한 뇌의 기능적 차이 때문에 남녀가 많이 걸리는 심리적 질환도 다르다. 여자는 편두통, 우울증, 공포증, 거식증에 남자들보다 더 많이 걸린다. 반면 자폐증은 남자들이 네 배 더 많이 걸리고, 반사회적 행동, 심각한 정신분열증, 말더듬, 실독증시각 능력에 이상이 없는데도 글자를 읽지 못하는 증상 역시 남자들에게 더 많이 나타난다.

오랫동안 남녀의 뇌 구조에 차이가 있다는 이야기를 하는 것이 금기시되어 왔다. 그러다가 십여 년 전부터 과학자들은 "(……) 이제 모든 자료가 남자과 여자의 뇌가 수많은 신경심리학적 영역에서 일관되게 다르다는 것을 보여준다"고 하면서, 남녀의 뇌가 믿을 수 없을 정도로 다르다는 사실을 연구하고 있다. 그렇다면 왜 이런 차이가 생기는 걸까?

유전자는 성별에 따라

다르게 발현된다

사춘기 때 나타나거나 강해지기도 하는 몇몇 특성을 비롯해 일부는 확실히 호르몬 때문이다. 의학적인 이유가 있어서거나 성전환을 하려고 호르몬 치료를 받는 사람들을 대상으로 실험이 실시된 적이 있다. 관찰 결과, 테스토스테론(남성 호르몬)을 주입하니 심상회전 테스트의 수행능력이 증가하고 유창하게 언어를 말하는 능력이 감소했다. 남성들은 테스토스테론 수치가 계절에 따라 변하고 여성들은 월경 주기에 따라 호르몬 변화가 있는데, 두 경우 모두에서 테스트 수행 능력에 같은 변화가 생겼다. 고통을 견디는 능력도 마찬가지다. 남성은 여성보다 고통을 잘 견디는데 호르몬 치료를 받으면 상황이 역전될 수 있다. 여성의 경우 월경 주기에 따라 고통을 견딜 수 있는 정도도 바뀐다. 남성의 경우는 몇몇 사회적 상황이 고통을 견디는 능력을 증강시키기도 한다. 사람들이 모인 자리에서 공개적으로 고통 참기 테스트를 한다든지, 예쁜 여성들이 앞에 있으면 남성은 고통을 더 잘 참는다. 그런 상황에서는 호르몬 분비가 활발해지기 때문이다.

사회적인 행사가 호르몬 수치에 영향을 주기도 한다. 텔레비전 앞에 앉아 경기를 보는 열렬한 축구팬은 경기 결과에 따라 테스토스테론 수치가 높아졌다 낮아졌다 한다. 남성들이 지금도 지배적인 역할을 하는 사회생활이 남녀 뇌의 차이에 영향을 줄지 모른다는 견해도 여전히 유효하다. 번식에 있어 가장 엄격한 계급 사회를 유지하며 살아가는 포유류인 벌거숭이두더지쥐mole rat의 경우, 뇌의 형태 차이를 결정짓는 주된 원인은 성별이 아니라 사회적 지위다. 특정 기능을 전문적으로 수행하다 보면 뇌에 변화가 생긴다는 사실도 잘 알려져 있다. 가장 유명한 예가 택시 기사의 뇌인데, 머릿속으로 어느 길로 가야 할지를 늘 생각하다 보니 특정 부위(해마)가 집중적으로 발달하여 뇌의 형태에 변화가 생겼다. 마찬가지로 유난히 강렬한 사건도 뇌의 기능을 변화시킬 수 있다.

그런데 남녀의 차이는 아주 일찍부터 관찰되기도 한다. 태어난 지 몇 시간밖에 지나지 않은 신생아라도 여자아이들은 벌써 사람들의 얼굴에 관심을 더 보이고 남자아이들은 움직이는 물체나 기계에 더 관심을 보인다. 여자아이들의 사교성이 더 좋으리라는 것을 보여주는 이러한 차이는 분명 생물학적이다. 이러한 차이는 또한 남자아이들이 자동차 트럭을 더 좋아하고 여자아이들은 인형을 더 좋아하리라는 것을 미리 보여준다. 남자아이들에게 인형에 관심을 보이게끔 해 보라. 무슨 수를 써 봐도 거의 대부분 실패할 것이다.

이렇게 성별에 따라 선호하는 대상이 달라지는 것은 다른 영장류에서도 볼 수 있다. 긴꼬리원숭이의 새끼 암컷들은 인형을 좋아하고 새끼 수컷들은 자동차 트럭을 더 좋아한다. 영장류도 인간과 똑같은 선호를 보이는 것은 뇌 구조 차이가 상당히 본질적이라는 증거다. 또한 성별에 따라 다른 장난감을 주는 사회적 전통이 남녀가 선호하는 대상에 차이를 만들어내는 것이 아니라, 원래부터 존재하는 선호 성향을 강화시킨 것뿐이라는 것 역시 알 수 있다. 다양한 문화권에서 발견할 수 있는 여자아이들의 분홍색 선호도 같은 맥락에서 이해할 수 있다.

남성과 여성은 색깔 선택에 의견이 맞지 않고, 색깔에 이름을 붙이고 배합하거나 구분하는 방식이 다르다. 가정문제 상담가라면 남성에게 여성과 색깔 문제 때문에 말싸움을 벌일 생각하지 말고 입을 꾹 다물고 있는 게 좋다고 충고할 것이다. 남녀는 색깔을 인식하는 데 유전적 차이가 있으며 말할 것도 없이 여성이 더 잘한다는 얘기를 덧붙이면서 말이다. 이런 생물학적 차이를 모든 사람이 이해한다면 서로 간의 오해가 어느 정도 줄어들 것이다. 그렇다면 남녀의 눈은 정확히 어떻게 다를까?

먼저 남녀 간에 색깔을 감지하는 능력에 차이가 있다. 인간은 보통 3색형 색각trichromacy으로 세상을 보는데 이는 망막에 색을 감지하는 세 가지의 원추세포적색, 녹색, 청색을 감지가 있기 때문이다. 여성보다 남성에 색맹이 훨씬 많은데(8~10퍼센트), 이들은 한 가지 원추세포가 없어서 2색형 색각dichromacy으로 세상을 본다. 색맹 남성들은 마치 신세계원숭이의 수컷들처럼 몇 가지 색깔은 감지하지 못하지만 위장된 물건들은 잘 찾아낸다. 한편 어떤 여성들은 유전적으로 색깔을 잘 감지하는 특수한 능력을 타고나기도 한다. 원추

우리는 왜 먹고, 사랑하고, 가족을 이루는가?

세포가 네 가지 있어서 4색형 색각^{tetrachromacy}을 지닌 것인데 약 일억 가지의 색깔을 인식할 수 있어서 매우 다채로운 세상을 볼 수 있다. 그런 여성들이 많이 있을까? 아직 충분한 수준으로 연구가 진행되지 않았기 때문에 의견은 분분하다. 여성들 중 50퍼센트가 4색형 색각이라는 주장도 있지만 이는 겨우 네 명의 여성을 두고 한 실험 결과에 불과하다. 이런 현상을 폭넓게 조사한 믿을 만한 연구 결과가 나오길 애타게 기다리고 있다.

인간의 성별은 사회적 변수보다는 생물학적 상수가 결정한다

20세기 인문사회학계에서는 그 어떤 현상도 생물학적 영향에서 원인을 찾지 않는 것이 유행이었다. 예를 들어 자폐증은 부모의 양육 태도 때문이라고 설명하곤 했다. 그리고 지금도 여전히 남녀의 행동 차이는 오로지 문화적으로 형성된 것이라고 여긴다. 여자아이들이 인형에 끌린다든지, 남자아이들이 공격적인 스포츠에 열광하는 성향을 보이는 것이 오로지 문화적인 영향 때문이라는 것이다. 과학사를 돌아볼 것도 없이 이렇게 생물학적 결정론이 행여나 끼어들까 봐 강박적으로 밀어내는 태도는 현실에서 광범위하게 관찰되는 남녀 차이를 이해하는 데 걸림돌이 되어왔다. 남성과 여성은 유전적으로, 세포형태학적으로, 생리적으로, 해부학적으로, 신체적으로, 인지적으로 다르다. 거기에 문화적 요인에 의해 이런 생물학적 차이가 증폭되고, 사회적 관습이 가세하면서 역사적으로 강렬한 남성우위 사회가 만들어지게 되었다.

남성과 여성의 차이는 생물계에서 발견되는 성별의 차이와 전체적으로 동일하다. 남성과 여성은 번식 전략도 같지 않고 부모투자parental investment의 형태도 다르다. 번식 잠재력이 다르며 자신들의 선택을 상대방이 받아들이게 하거나 상대방을 조종할 수 있는 능력도 다르다. 자연선택은 성별에 따라 다르게 작용하며 이는 남성과 여성, 수컷과 암컷이 신체적·생리적·인지적으로 다르게 적응하도록 만들었다. 남자아이들이 스포츠에 흥미를 느끼는 것은 성인이 되었을 때 격렬한 신체활동을 하리라는 것을 미리 보여주는 것이다. 여자아이들이 인형이나 담요와 같은 갓난아기의 대체물에 관심을 갖는 것은 훗날 하게 될 엄마 역할을 훈련하는 것이다. 여기에서 우리는 남성우위 사회가 성별에 맞춰 강요한 역할의 문화적 낙인을 읽을 수 있다. 좀 더 정확히는, 아주 오랜 옛날부터 자연선택된 생물학적 특수성이 문화적으로 유지되는(이 지점에서 남성우월주의가 끼어들 수 있다)것이다. 그런데 남녀의 생물학적 차이가 어린아이의 장난감에 국한된 것은 아니며 남성보다 여성의 수명이 더 긴 것을 비롯해 삶의 모든 단계에서 이런 차이는 발견된다. 의학계에서는 오랫동안 번식과 직접적으로 관련된 차이를 제외하고는 남

우리는 왜 먹고, 사랑하고, 가족을 이루는가?

녀 간의 생물학적 차이를 외면해 오다가 최근 들어 진지하게 연구하기 시작했다. 2001년 미국국립과학아카데미 산하 의학협회는 "성별은 중요하다. 예상치 못한 분야들에서도 중요하다. 확실히 우리가 상상조차 하지 못한 분야들에서 그 중요성은 더욱 커질 것이다"라고 발표했다.

같은 일을 하는데도 남녀 급여에 차이를 두는 등, 우리 사회에서는 생물학적 근거도 없이 몇몇 분야에서 남녀 간에 사회적 차이를 만드는 우려할 만한 상황이 벌어진다. 하지만 그렇다고 생물학적 동일성을 주장하며 사회적 평등을 추구하는 것은 옳은 길이 아니다. 물론 정치적·사회적·교육적인 면에서는 당연히 양성평등을 추구해야겠지만 남성과 여성을 근본적으로 가르는 생물학적 차이를 외면한다면 그 어떤 시도도 온전히 성공을 거두지는 못할 것이다. 오히려 남녀의 생물학적 차이를 활짝 드러내 이야기하고, 그 범위와 한계를 명확히 하고(인종별 다양성까지 반영하여), 차이가 나는 원인을 설명한다면 진정한 사회적 양성평등을 이루는데 필요한 토대를 마련할 수 있다. 이러한 생물학적 차이도 영원하지는 않다. 진화를 통해 이런 생물학적 차이가 변화하거나, 만약 자연선택이 성에 따른 생물학적 차이를 줄이는 방향으로 진행된다면 차이 자체가 줄어들 수도 있기 때문이다. 남은 일은 남성과 여성이 이러한 생물학적 평등(아버지가 젖을 먹이는 것을 비롯하여)을 바라는지, 그리고 이것이 바람직한 일인지 결정하는 것이다.

마지막으로 우리 사회는 으레 남녀의 차이가 사회적으로 형성된 것이라고 여긴다는 사실을 잊지 말자. 따라서 남녀의 신체적, 특히 인지적 차이에 대해 설명한다고 생물학적 요인에 대한 이야기를 꺼내는 것은 정치적으로 올바르지 못할 수 있다. 그러니까 모임에서 이런 주제의 대화를 할 때에는, 특히 함께 어울리는 사람들에게 좀 더 멋진 사람으로 보이길 바란다면, 이 장에 있는 자료를 이용하지 말길 바란다. 서툴고 분위기 깨는 사람으로나 보일 게 뻔하니, 누구를 처음 소개받는 자리에서 이런 얘기를 꺼내는 것은 금물이다. 자, 지금까지 한 얘기는 이제 그만 생각하고 서둘러 다음 장으로 넘어가는 게 좋을 듯 싶다.

Cro-
Magnon
toi-
même!

5 동성애자는
태어나는가,
만들어지는가

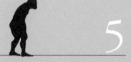

● 동성애

나는 강사에게 강연 요약본을 달라고 했다. 보통 강연이 있기 한 주 전에 요약본을 배포하고 안내문으로 사용하는 것이 관례이기 때문이다. 문제의 강사는 심리학, 생물학, 정신의학을 전공한 캐나다인 교수인데 연구원들과 대학 교원들을 앞에 두고 성적 선호에 대해서 강연할 계획이었다. 요약본을 받아서 교무처에 전달했는데 경악에 가까운 반응이 돌아왔다. 첫 문장이 아주 끔찍스러우며 도저히 받아들일 수 없는 사상을 담고 있다는 것이다. 강연이 금방이라도 취소될 듯한 분위기였다.

나는 깜짝 놀라서 그 첫 문장을 다시 읽어보았다. "사람들은 자신의 성적 성향을 선택한다기보다 발견한다." 이 단순한 한 문장 때문에 강연이 취소되었을 뿐만 아니라 다양한 의견을 교환할 기회도 사라져버렸다. 또한 이런 반응은 전문가 집단 밖의 일반인들에게 성적 성향에 대한 연구 결과들이 이상할 정도로 알려지지 않은 이유를 보여주기도 한다. 사람들은 동성애자로 태어나는 것일까, 되는 것일까 아니면 되기로 선택한 것일까? 프랑스에서는 안타깝게도 이에 대한 답이 곧 정치적 입장이다. 2007년 대통령 선거 때 후보들이 내놓은 의견과 그에 대한 언론의 반응들만 봐도 그렇다. 하지만 종교재판소 재판관들의 마음에 들지 않아도 지구가 태양 주위를 돌지 그 반대는 아니다. 어쨌거나 현실은 특정한 의견이나 사상의 그림자 속에 감춰지거나 대체될 수 없다.

그렇다면 먼저, 동성애는 인간의 전유물일까?

동물들의 동성애

사회생활을 하는 수많은 동물들, 특히 포유류와 조류에게서 동성애적 **행동**이 관찰된다. 포유류에서는 영장류, 유제류, 식육목, 설치류, 유대류, 그리고 조류에서는 오리, 거위, 백조, 갈매기, 제비, 참새, 까치 등에서 발견된다. 박물학자들은 수백 종의 동물들이 동성끼리 성관계를 꽤 자주 갖는다는 기록을 남겼다. 이는 무엇을 의미할까?

보노보 사회에서 성관계는 분쟁과 사회적 긴장을 해소하는 수단이다. 암컷 보노보들은 지나치다 싶을 정도로 집중적인 동성애 관계를 맺는데 그 기능은 암컷끼리 사회적인 유대관계를 더욱 단단하게 맺기 위한 것이다. 수컷들 역시 서로 성기를 비빈다든가 하는 방식으로 동성애적인 행동을 하지만 성기를 삽입한다든지 사정을 하는 것은 관찰된 적이 없다. 암컷들은 동성애 관계로 유대감을 돈독히 한 덕분에 수컷들을 사회적으로 지배하는데 이는 포유류에서 극히 보기 드문 상황이다. 보노보 사회에서는 동성애가 사회적 동맹의 수단인 셈이다.

마운틴고릴라는 무리를 지어서 생활하는데, 주로 어른 수컷 한 마리와 암컷 여러 마리, 그리고 아직 어린 고릴라 여러 마리로 구성되어 있다. 보통 우두머리 수컷 한 마리가 한 마리 이상의 암컷을 거느리며 다른 수컷들은 암컷에 접근도 못하게 한다. 태어날 때는 암컷과 수컷의 수가 엇비슷하기 때문에 수컷 한 마리가 암컷을 여럿 거느리면 홀아비들이 생기게 마련이다. 암컷을 얻지 못한 운 나쁜 수컷들은 혼자 살거나 다른 수컷들과 무리를 지어 산다. 그중에는 어린 수컷들도 있는데 이러한 수컷 집단은 꽤 단결이 잘 된다. 부분적으로는 상당히 자주 맺는 동성애 관계 때문이다. 수컷 집단의 구성원은 늘 바뀌는데 그 이유는 이들이 때가 되면 무리를 떠나기 때문이다. 어린 수컷은 힘세고 성숙한 어른이 되고 여러 가지 조건이 유리해지면 수컷 무리를 떠난다. 그리고 종종 폭력까지 동원한 다양한 수단을 이용해 암컷 한 마리, 혹은 여러 마리에게 접근하려고 노력한다. 즉 번식 시장에서 일시적으로 소외된 수컷들이 사회 집단 내에서 동성애 관계를 맺는 것이며, 이는 일부다처제의 간접적인 결과로 볼 수 있다.

다양한 포유류 종들의 동성애적 행동을 관찰하고 연구하면 두 가지 공통점을 찾을 수 있다. 첫째, 수컷 한 마리가 암컷 여러 마리를 독점하면서 다른 많은 수컷들이 암컷들에게 접근할 수 없게 되었고, 둘째, 그럼으로써 동성애 관계를 유지해서 강화할 수 있는 동맹관계가 필요하다는 것이다. 그런데 이들 모두가 순수하게 동성애 관계만 맺으며 살지는 않는다. 암컷 보노보는 어른이 되면 평생 양성애자로 지낸다. 수컷 고릴라는 수컷 집단을 떠나서 자신만의 하렘을 만들게 되면 대부분 이성애자가 된다. 물론 운 나쁜 몇몇 수컷들은 암컷을 평생 한 마리도 만나지 못하고 계속 기다리며 동성애 관계를 맺을 것이다. 그러니까 그 수컷이 근본적으로 동성애 성향이 있기 때문이 아니라 오로지 사회적 제약 때문에 계속 다른 수컷들과 성관계를 할 것이라는 얘기다. 동물의 세계에서 수컷이 오직 다른 수컷에게만 **성적 선호**를 가져 동성애 관계를 맺는 경우는 아직 발견되지 않았다.

인간 사회에도 역시 동성애적 행동을 강요하거나 유발하는 전통들이 있다.

사회적으로 강요된 동성애적 행동들

파푸아뉴기니에서는 사내아이가 일고여덟 살 쯤 되면 엄마 품을 떠나 아빠를 따라 남자들만 사는 커다란 집에 들어가 살면서 여러 훈련을 받기 시작한다. 훈련의 가장 중요한 부분은 여러 해 동안 연장자의 정액을 자신의 몸으로 받아들이는 것인데 부족에 따라 입으로 받아 삼키거나 혹은 항문으로 받기도 한다. 이런 관습은 남성의 특성이 담긴 연장자의 정액을 받아 진정한 남자의 지위를 얻고자 하는 것이다. 성년에 이른 젊은 남자는 아내를 얻을 수 있고 대체로 이성애자로 살아가게 된다. 여기에서 우리는 특정한 상황, 특정 연령에 동성애적 행동을 하게끔 강요하고 다른 상황에서는 금지하는 사회적 규칙을 확인할 수 있다.

인도유럽어족 사회에도 형태는 약간 다르지만 이와 비슷한 통과의례적, 혹은 제도적 관습이 있었다. **교육적 동성애 관계**라는 것으로, 스승이 친아버지가 아닐 경우 보통 제자와 성관계를 맺는 관습이다. 예를 들어 스파르타 귀족 가문의 소년들은 열두 살 쯤 되면 의무적으로 교육과 군사훈련을 맡아줄 스승을 모셔야 했는데, 그 스승은 정력적이고 독점적인 연인이기도 했다. 서부 인도유럽어족 사회, 켈트 족, 게르만 족, 그리스 족과 알바니아 족에는 몇 가지 다른 점이 있긴 해도 모두 이와 유사한 제도가 있었다. 하지만 인도이란어족 사회에는 이런 관습이 없었는데 아마 성직자 계층이 전사들의 관행에 일찌감치 반기를 들었기 때문인 것으로 추정된다. 이러한 동성애 관습은 후기 그리스 시대에 교육의 틀을 벗어나 일반적인 소년애로 성격이 바뀌었는데, 예전만큼 철저하지는 않았지만 그래도 사회적 연대의 틀은 여전히 남아 있었던 것으로 보인다.

인간 사회가 각양각색인 만큼 동성애적 행동들도 다양하다. 파푸아뉴기니나 고대 그리스 사회처럼 동성애적 행동이 체계화된 사회도 있고, 소수의 남자가 여자 대부분을 독점한 결과로 동성애적 행동이 나타난 사회도 있다(3장 참조). 그런 사회에서는 남자들이 여자들에게 접근할 수 있게 되기까지 기다리기 때문에 평균적으로 결혼 연령이 높으며 동성애적 행동이 특정 연령대에 집중돼 있다. 극단적인 예로 죄수들이 보통 남녀 따로 수감되는 교도소를 들 수 있다. 교도소뿐만 아니라 군대처럼 여자들을 만나기 힘든 곳에서는 동성애적 행동이 빈번히 일어난다. 이러한 행동을 하는 죄수들은 대체로 스스로를 동성애자로 여기지 않는다. 일단 교도소에서 나가면 대부분의 사람들이 오로지 이성애적 행동만 하기 때문이다. 교도소 내에서 이루어지는 동성애적 행동에 늘 상호합의가 따르는 건 아니다. 이들은 더 좋은 날이 오기를 기다리며, 동성애적 행동으로 일종의 사회적 역할을 수행하고 있는 것이다.

이렇게 간혹 동성애적 행동이 여러 전통에 의해 강요되기도 하는 상황에서 그것이 사회적으로 강제된 것인지 아니면 순전히 성적 성향 때문인지 말하기가 무척 미묘할 수 있다. 현재 서구 사회에서는 순수한 동성애 성향이 존재한다는 견해를 정설로 받아들이고 있다. 동성애는 최근에 나타난 현상인가? 만약 그렇지 않다면 인간 사회에서 동성애 성향은 언제부터 나타난 걸까?

역사 속의 동성애 성향

역사를 돌아보면 종종 유명인들의 사생활을 아주 구체적인 부분까지 알 수 있다. 그렇게 우리는 과거의 유명인 중에 동성애 성향을 분명하게 드러냈던 이들을 꽤 만날 수 있다. 결혼은 단지 이성애 성향을 가장하는 증거로밖에 여기지 않았고 이성애를 강요하는 사회에서 결혼 관계를 사회적 방패막으로 삼기도 했다. 앙드레 지드는 유부남이었지만 부부관계를 한 번도 갖지 않았다. 동성애 성향이 있으면서도 결혼 관계를 유지하며 아이를 낳은 이도 있다. 오스카 와일드는 결혼해서 아이가 둘 있었다. 그렇다고 오스카 와일드를 양성애자라고 하기도 어렵다. 많은 전기 작가들이 밝히고 있듯 그는 여성은 단 한 명(자신의 아내)과만, 남성들과는 백 명도 넘게 성관계를 맺었기 때문이다. 앙드레 지드와 오스카 와일드는 동성애 성향이 있었고 이 사실은 꽤 유명하다. 19세기와 20세기에 동성애 성향이 있었던 다른 유명인들을 꼽자면, 마르셀 프루스트, 러디어드 키플링, 앨런 튜링, 페데리코 가르시아 로르카, 미셸 투르니에 등이 있다.

18세기에는 프랑스건 영국이건 할 것 없이 모든 사회계층에 '남색가'들이 있었다. 그 전 시대에도 마찬가지여서 유명한 동성애자로는 루이 14세의 동생, 레오나르도 다빈치, 미켈란젤로가 있다. 16세기 베르베르 왕조의 무함마드 5세는 600명의 소년을 모은 하렘으로 유명했다. 좀 더 과거로 거슬러 올라가서 2000년도 더 전에는 베르길리우스, 알렉산더 대왕, 제논, 플라톤이 동성애자였고, 지금으로부터 2700년 전의 유명한 서정시인 아르킬로코스는, 당시 표현을 사용하여 자신의 친구들 중 하나가 동성애자라고 언급했다. 이제 다른 대륙으로 넘어가 보자. 부족 사회를 연구했던 19세기와 20세기 초의 인류학자들이 그들의 성적 성향에 대해 우리에게 무엇을 알려 주었을까? 알려 준 게 거의 없다. 성적 성향에는 거의 관심이 없거나 모르고 있었기 때문이다. 하지만 그들은 시베리아 북동쪽 끝에 사는 추크치족, 우간다의 바기수족, 파나마의 쿠나족 등 다양한 부족 사회에 대한 기록을 남겼다. 17세기 일본의 이에미츠 쇼군이 젊었을 때 남색을 즐겼다는 기록이 남아있으며 기원전 6세기 중국의 한 황제에 대해서도 비슷한 기록이 남아있다.

일부이긴 하지만 이 기록에서 우리는 수많은 사회에서 아주 오래 전부터 동성애 성향이 있었다는 사실을 알 수 있다. 그렇다면 동성애 성향을 결정하는 유전인자가 있을까?

남성의 동성애 성향을 교정하고 치료하려는 시도는 수없이 많았다. 과거 서구 사회에서는 동성애 성향을 질병이라고 여겼기 때문이다. 2차 세계 대전 동안 미군은 동성애자들에게 남성 호르몬을 주입했고 나치의 집단 수용소에서도 마찬가지였다. 영국에서, 그리고 미국의 여러 병원에서는 여성 호르몬을 주입해 보기도 했지만 성적 성향은 전혀 변하지 않았다. 전기 충격, 세뇌, 정신분석 등 다른 형태의 치료법도 시도되었지만 모두 실패했으며 성적 성향은 뇌 깊숙이 뿌리박혀 있다는 사실만 확인할 수 있었다.

적어도 동성애 성향의 한 가지 요인은 명확하게 규명되었다. 형의 수가 많을수록 동성애자가 될 확률이 높아진다는 것이다. 남동생의 수나 여자 형제의 수는 아무런 영향을 미치지 않는다. 여기서 주목할 만한 사실은 형들과 함께 자랐느냐 아니냐는 아무런 상관이 없다는 점이다. 다시 말해, 이는 가족이나 사회가 아닌 생물학적인 영향임을 의미한다. 출생순서는 후세에 전할 수 있는 것이 아니기 때문에(차남이라고 해서 후손들이 모조리 차남들만 있는 건 아니다) 유전적인 영향도 아니다. 이에 대한 설명은 다소 전문적인데, 요약하자면 엄마가 아들만 계속 임신하면서 남자 태아의 뇌에 있는 특수한 인자에 엄마가 점차적으로 면역력이 생기면서 태아가 남성의 상태로 발전하는 것을 결정하는 분자 신호에 방해가 일어난다는 것이다. 남성 동성애자들이 이성애자들보다 평균적으로 형이 더 많다면, 지금보다 더 많은 아이들을 낳았던 시대에 태어난 나이 든 사람들 중에는 동성애자들이 더 많을 것이다. 형의 수는 동성애 성향을 설명해 주는 원인 중의 하나일 뿐이며 나머지 원인들은 아직 규명 중이다.

두드러지지는 않지만 분명 유전적 요인(대부분의 신체적·정신적·생리적 특성들처럼)도 있다. 성적 성향이 부모에서 자녀로 유전될 수도 있는데 아버지가 동성애자면 아들 역시 동성애자가 될 확률이 5배 높다는 연구 결과가 있다. 이러한 결과는 유전자 때문일 수도 있고 가정의 문화적 요소 때문일 수도 있다. 아니면 두 가지 모두 때문일 수도 있다. 유전자가 100퍼센트 같은 일란성 쌍둥이와 유전자가 50퍼센트만 같은 이란성 쌍둥이의 성적 성향이 얼마나 일치하는가를 비교한 연구에 따르면 유전적 요인이 일부 작용한다는 사실을 확인할 수 있다. 지역적으로 떨어진 서로 다른 환경에서 자란 일란성 쌍둥이의 경우도, 자란 후에 조사해보면 두 사람의 성적 성향이 같은 정도가 일반인보다 높게 나온다는 연구가 있다. 이 경우 성적 성향의 일치를 설명해 주는 것은 유전적 요인밖에 없다. 이러한 유전자가 어떤 것이고 염색체의 어느 부위에 있는지 분명한 결과가 나오지 않아 언론 매체를 통한 논쟁이 계속되고 있다. 한 마디 덧붙이자면 현재 사용되고 있는 기술이 썩 정교하지 않으므로(아주 강한 영향을 미치는 유전자들만 겨우 감지할 수 있는 수준이다) 기술

우리는 왜 먹고, 사랑하고, 가족을 이루는가?

이 좀 더 발달하기를 기다리는 편이 낫지 않을까 싶다.

언뜻 생각하기에 번식을 못하거나 줄어들게 하는 특성을 가진 유전적 요인들이 자연선택될 수 있다는 것이 이상하게 들릴지도 모르겠다. 하지만 유전자는 상황에 따라, 특히 성별에 따라 다르게 작용할 수 있다. 이렇게 성별에 따라 긍정적이거나 부정적인 효과가 있는 유전자는 여러 종에 빈번하게 나타난다. 어쩌면 자연선택설을 따르는 모든 유성생식 생물종이 그런 지도 모른다.

동성애자와 이성애자 양쪽에서 표본 추출하여 실시한 최근 연구결과를 보면, 동성애자의 모계 친척들이 이성애자의 모계 친척들보다 훨씬 더 아이를 많이 낳는다고 한다. 부계 친척들 쪽은 동성애자와 이성애자 모두 출산수에 차이가 없었다. 그래서 어머니로부터 전해지는 유전인자 중에 여성화 인자가 있을지도 모른다고 추측하는 과학자들이 있다. 말하자면 이 여성화 인자가 여성에게는 출산력, 즉 여성적 성향을 높이는 방향으로 작용하고, 아들에게는 남성적인 성적 성향을 줄인다는 것이다. 이런 가능성은 수 년 전에 하나의 가설로 처음 제기되었고 최근 이론적 연구로 제법 그럴 듯한 실마리로 받아들여지고 있기는 하지만 아직은 연구가 더 필요한 상황이다.

간접 선택이라는 설명을 내놓는 과학자들도 있다. 동성애자 남성은 자신의 아이를 낳을 수 없거나 이성애자 남성보다 아이를 덜 낳는다. 따라서 유전자를 남기지 못하는 상실감을 상쇄하기 위해 다른 가족 구성원들에게 투자를 한다는 것이다. 유전자의 4분의 1을 나눠가진 조카들을 자식처럼 애지중지 돌본다든지 하는 방식으로 말이다. 이러한 생각이 이상하게 여겨질지 몰라도 이론적인 관점에서는 유효하다. 그러나 이에 대한 반박은 구체적인 자료들에서 나왔다. 여러 연구자들이 동성애자와 이성애자 성인 남성들을 대상으로 이러한 가족적 투자를 다양한 관점에서 비교 측정했지만, 모든 연구자들이 두 집단은 별다른 차이가 없다는 결론을 내렸다. 따라서 간접 선택으로 동성애를 설명하기에는 무리가 있다.

어찌됐든 이미 밝혀진 원인들은 극소수의 경우만 설명해 줄 뿐이므로 남성 동성애의 생물학적 원인들을 밝히려는 시도는 아직 끝나지 않았다. 여성 동성애에 대해서는 연구가 많이 진행되지 않아 아직 덜 알려져 있지만 남성 동성애와는 다른 점이 많은 듯하다. 예를 들어 여성 동성애자의 약 50퍼센트가 과거에 결혼한 경험이 있는 반면 남성 동성애자는 6퍼센트만이 결혼한 경험이 있다. 여성 동성애자의 대부분(85퍼센트)이 이성애 경험부터 먼저 시작하지만 남성 동성애자는 20퍼센트만 그렇다. 여성 동성애자들의 경우에는 생물학적 영향이 그리 크지 않은 대신 개인적 · 사회적 인자가 더 중요한 것 같다.

우리는 왜 먹고, 사랑하고, 가족을 이루는가?

요즘 프랑스에서는 대체로 남성 동성애를 개인적 선택으로 여기는 추세다. 프로이트는 남자가 동성애 성향을 갖게 되는 것은 어머니 책임이라고 주장했는데 이러한 관점은 증명된 바 없으며 몹시 독단적이다. 서구 사회에서 남성 동성애는 대체로 개인의 선택이 아니다. 실제로 남성 동성애 청소년들은 자신의 성적 성향을 선택하는 것이 아니라 발견한다. 이러한 성적 성향은 아마 생물학적 요인에 의해 매우 일찍부터 결정되었을 것이며 그중 일부는 유전에 의한 것이다.

이러한 생물학적 결정요인에 대해서는 전반적으로 잘 알려져 있지 않다. 아마 남성 동성애는 개개인의 선택이라는 사람들의 믿음을 그 원인으로 꼽을 수 있을 것이다. 이런 믿음이 동성애의 생물학적 결정요인에 관한 연구에 의심의 눈초리를 보내면서, 간접적이기는 하지만 연구에 장애물로 작용하는 것이다. 또한 동성애적 행동과 동성애 성향은 같은 차원에서 설명될 수 없는데 이 두 개념이 혼용되는 것도 문제다. 사회적 요인과 생물학적 결정요인들 간의 상호작용 역시 상황을 혼란스럽게 만든다. 이성애를 강요하는 사회에서 동성애자들은 이성애자인 척하며 자신의 동성애 성향을 숨기고 살아간다. 반면, 동성애적 행동은 감옥처럼 사회적으로 강요된 상황에서 발생한다. 동성애를 이해하려면 이러한 개념들을 세밀하게 구분하는 작업이 반드시 필요하다.

유전적 요인은 있는 그대로 받아들여야 한다. 남성과 여성의 차이는 무엇보다 염색체의 차이(그러니까 유전적) 때문이다. 피부색의 차이는 일부 환경의 영향도 있지만(햇볕에 그을리는 정도), 대체로 인종 집단별로 피부색을 결정하는 유전자 배치가 다르기 때문이다. 눈과 머리카락 색 역시 유전적 요인에 의해 차이가 나며, 식성 같은 취향 차이(예를 들어 유당분해효소결핍증이 있는 성인들은 우유를 좋아하지 않는다. 1장 참조), 사람들마다 냄새를 감지하는 능력에 차이가 나는 것도 유전적 요인 때문이다. 이미 검증된 관련 과학 연구 결과들을 꼼꼼히 살펴보면 유사한 사례는 더욱 늘어날 것이다. 물론 이러한 목록이 모든 것을 다 설명해주지는 못할 것이지만, 분명 인간 행동에 대한 서로 다른 다양한 시각을 만나게 해줄 것이다. 남성 동성애의 경우 분명 유전적인 요인이 있다. 하지만 그것이 전부는 아니다. 형의 수 같은 생물학적 요인들은 물론, 가족이나 사회적 요인을 비롯해 아직 밝혀지지 않은 다른 요인들도 있을 것이다. 어찌됐든 이제 이러한 생물학적 요인들이 존재한다는 사실은 잘 받아들여지고 있으니, 어떤 요인들이 있는지 실체를 정확히 밝혀내고 그 기원을 제대로 이해하는 일이 가능해진 셈이다.

생물학적 결정요인을 왜 밝혀야 할까? 반계몽주의obscurantism를 퇴치하기 위해서다. 특히 인간의 사생활 영역에서 소수자에 대한 억압을 없애려면 이런 태도는 사라져야 한다. 동성애를 개인의 선택

우리는 왜 먹고, 사랑하고, 가족을 이루는가?

으로 여기게 되면 동성애자 개인에게 책임을 돌리게 되고, 또한 동성애를 혐오하는 사회 분위기가 조성되어있다면, 동성애자에게 죄책감을 떠안기게 될 수도 있다. 역사를 돌아보면 동성애는 용납할 수 없는 범죄 취급을 받아 극형에까지 처해졌고 지금도 여전히 동성애자를 중죄로 처벌하는 나라들이 있다. 영국 태생의 수학자 앨런 튜링은 동성애를 치료하기 위해 아무런 효과도 없는 호르몬 요법을 받았고 그 얼마 후인 1954년 자살했다. 지금도 여전히 사회 전반에 특별한 이유 없이 동성애를 혐오하는 사람들이 많다. 아마 동성애 성향의 생물학적 결정요인이 밝혀지면 동성애 혐오증의 원인도 더 잘 알 수 있게 될 것이고 그런 부질없는 증오심을 없애는 데도 도움이 될 것이다.

특히 동성애에 관한 주제가 언론의 집중적인 조명을 받는 요즘 같은 상황에선 과학적 시각(동성애 성향이 생물학적으로 결정된다는 이론에 대한 지식)을 발전시키는 것이 중요하다. 사상적·정치적 이슈가 여론에 좌우되는 것보다는 근거가 확실한 지식에 기반을 두는 것이 분명 더 낫기 때문이다.

Cro-
Magnon
toi-
même!

6

아들은
아빠를
닮았을까

● 가족생태학

"가족이여, 나는 그대를 증오한다"고 앙드레 지드는 말했다. 하지만 영국의 유전학자 홀데인은 형제 둘이나 사촌 여덟 명을 구하기 위해서라면 목숨을 내놓겠다고 했다. 이처럼 가족은 증오의 대상이면서, 동시에 사랑의 대상이기도 하다. 도대체 가족이란 무엇일까? 사회학자라면 생산·사회화·자녀 교육에 책임이 있는 성인들로 구성된 집단이라고 대답할 것이고, 인류학자라면 혈연을 통한 가족의 구성과 한 세대에서 다른 세대로 부(富)가 전해지는 방식에 주목할 것이다. 한 가지 확실한 것은, 정의를 어떻게 내리건 간에 가족은 장소와 시대에 따라 다양한 형태를 띠고 끊임없이 변화해 왔다는 사실이다.

갓 태어난 아기는 혼자서는 움직이지도 음식을 먹지도 못한다. 갓 태어난 생쥐 새끼를 비롯해 포유류에서는 흔한 상황이다. 젖을 뗀 후에도 아이가 부모에게 의존하는 것 역시 사회성이 있는 생물 종에서 흔히 볼 수 있다. 그런데 인간은 다른 포유류와는 비교할 수 없을 정도로 아이가 부모에게 의존하는 기간이 길다. 이렇게 유난히 긴 시간 동안 부모는 자녀에게 많은 것을 전해주고 가르쳐 준다. 부모와 가족 덕분에 아이는 물질적인 자산과 지식, 인지적·사회적 능력을 갖추게 된다. 자녀들이 부모의 직접적인 지원에서 벗어나도 가족은 만족할 줄 모른다. 아이는 태어나면서부터 가족의 보살핌을 받기 시작해 부모가 죽은 후에도 상속제도의 혜택을 받는다

가족의 중요한 요소 중 하나는 부모투자parental investment다. 이는 부모가 자식을 대하는 태도를 의미하기도 하고 부모가 자식의 능력을 키우기 위해 쏟는 투자라고 해석되기도 한다. 부모투자는 한정된 자원이므로 부모 각자의 번식 전략과, 살면서 겪게 되는 다양한 우연적 상황에 따라 분별 있게 분배되어야 한다. 자녀들 입장에서는 형제나 자매, 때로는 이복 형제와 이복 자매 같은 경쟁자들이 있을 때 이런 한정된 자원이 더욱 중요해진다. 하지만 다른 가족 구성원들도 자녀들에게 도움을 줄 수 있는데, 가장 대표적인 사람이 조부모다.

우선 할머니의 경우, 폐경 후에는 더 이상 번식을 할 수 없기 때문에 손자, 손녀를 돌보는 데 전념할 수 있다. 그렇다면 폐경의 이런 가족적 기능은 어디서 왔을까?

우리는 왜 먹고, 사랑하고, 가족을 이루는가?

폐경은 수수께끼 같은 현상이다. 여자들이 죽기 전까지 그렇게 오랫동안 번식할 수 있는 가능성을 잃은 채 살아야 하는 이유가 뭘까? 게다가 고령이 되었다고 딱히 번식 능력이 없어지지 않는 남자보다 여자의 수명은 더 길다. 진화적 관점에서 번식을 더 이상할 수 없는 개체는 과연 어떤 효용이 있을까? 아마도 아무런 효용이 없다고 답할 것이다. 옛날에는 폐경이 오는 연령까지 살아남은 사람이 드물었고, 공중위생과 의학의 발달로 최근에 들어서야 폐경기 이후로 수명이 연장되었다는 주장에 찬성하는 사람들이라면 말이다. 하지만 이런 주장을 곧이곧대로 받아들이기는 힘들다. 주로 남자들이기는 하지만 위인들의 전기를 보면 2000년도 더 전에 70살이 넘어서까지 산 사람들을 쉽게 찾을 수 있다. 아르키메데스, 디오게네스, 헤라클레이토스, 탈레스, 에픽테토스, 제논, 에피쿠로스, 플라톤이 그렇다. 지난 수 세기 혹은 수천 년 동안 수많은 사람들이 장수를 누렸고 그중에는 여자들도 있었다. 사회적인 삶에서 할머니들이 확실히 존재했다는 사실은 〈빨간 모자〉 같은 옛날 이야기에서도 확인할 수 있다. 예전에는 아동사망률이 무척 높아 평균 수명을 계산할 때 출생부터가 아니라 5세를 넘긴, 더 심하게는 20세를 넘긴 사람들을 대상으로 했다는 점을 감안하면 평균 수명은 훨씬 길어진다(프랑스의 마른 지역에 위치한 4000년 전의 묘실을 분석한 결과 평균수명이 52세로 나타났다). 그리고 19세기와 20세기에 전통부족사회를 연구한 인류학자들은 45세를 넘긴, 즉 폐경을 맞은 여자들을 수없이 많이 만났다.

따라서 폐경을 맞은 여성의 삶은 서구 사회에서 근래에 일어난 현상이 아니다. 하지만 그에 앞서 인간 이외의 다른 동물들에게도 폐경이 존재하는지 먼저 알아보자.

동물들의 폐경

우리의 사촌 영장류는 어떨까? 침팬지, 마카카원숭이, 비비원숭이 등 수많은 종들에서 더이상 번식을 하지는 않지만 활발하게 활동하는 암컷들을 찾아볼 수 있다. 이 영장류 암컷들의 난소 기능과 호르몬을 연구한 결과 폐경기 여성들과 비슷하다는 사실이 발견됐다. 따라서 일부 원숭이들에게도 폐경 현상이 존재한다고 할 수 있다.

일본원숭이 암컷의 41퍼센트는 번식가능연령 이후에도 수년 동안 살아가며 이 기간은 전체 수명의 약 16퍼센트에 이른다. 침팬지의 경우에는 폐경 후 생존기간이 훨씬 짧고, 개체별로 차이가 크기 때문에 이 문제에 관해서는 연구자들마다 서로 다른 견해를 갖고 있지만, 가장 최근의 연구에 따르면 침팬지에는 폐경이 없다는 쪽으로 결론을 내리고 있다. 그리고 어찌됐든 동물원에 사는 동물들

우리는 왜 먹고, 사랑하고, 가족을 이루는가?

은 수명이 훨씬 길기 때문에 번식가능연령 이후에 살아가는 기간
도 더 길다. 이런 점을 감안하면, 폐경이 반드시 신체 기관의 노화
와 직결된 것도 아니다.

범고래 무리를 관찰해 보면 딸, 엄마, 할머니 이렇게 3대가 어
울려 사는 것을 확인할 수 있다. 나이 많은 암컷은 40살이 넘으면
더는 번식을 하지 않고 50살까지 평온하게 살아간다. 간혹 80살,
심지어 90살까지 사는 암컷들도 있다. 범고래, 들쇠고래, 향유고
래를 비롯한 고래목에 속하는 동물에게도 폐경이 있는데, 이들은
모계 사회를 형성하며 살아가는 사회성 동물들이다.

이 종들의 폐경 현상이 최근에 수명이 길어져 나타난 것이라고
보기는 어렵다. 범고래를 비롯한 고래목 동물의 수명은 인간의 활
동 때문에 수십 년 전부터 줄어들고 있기 때문이다. 따라서 다윈적
적응의 관점으로 눈을 돌리는 수밖에 없다. 번식가능연령과 함께
삶이 끝나지 않는 것은 진화적으로 그에 따른 충분한 장점이 있기
때문이라는 것이다.

가족 내 할머니의 역할

인류에게 폐경의 진화가 어떻게 진행되었
는지는 아직 정확히 밝혀지지 않았다. 하지만 현재까지의 연구만
으로도 폐경과 가임 연령 이후의 삶이 어떤 기능을 하는지 이해하

는 데에는 무리가 없다. 18세기와 19세기에 걸쳐 작성된 핀란드의 교구 등록부를 통해 여러 세대에 걸친 가족 구성을 분석해보면, 가임 연령 이후의 여성들이 어떤 영향을 미쳤는지를 확인할 수 있다. 아이가 태어났을 때 할머니가 생존해 있고, 또 가까이 산다면 더 많은 형제자매가 생긴다. 그런 경우 엄마도 더 젊다. 19세기와 20세기 퀘벡 주와 18~20세기 폴란드의 교구 등록부를 통해서도 같은 연구가 이루어졌는데 거기에서도 할머니의 역할은 마찬가지였다. 지금도 전통적 풍습을 많이 보존하고 있는 사회에서 할머니는 여전히 중요한 역할을 한다. 손자들을 직접 돌보면서 딸의 일을 덜어주고, 손자들에게 지식을 전수해준다. 할머니가 있으면 손자들의 생존율이 올라가고 수가 많아지는 이유가 바로 여기에 있다.

할아버지 역시 영향이 없지는 않다. 할아버지가 생존해 있으면 자녀들이 첫 아이를 더 이른 나이에 낳는데 이는 전반적으로 출산에 좋은 환경을 조성하기 때문이다. 그러나 앞에서 언급한 연구에 따르면 할아버지가 주는 도움은 좀 부족한 듯하다. 할머니의 경우만큼 많은 손자 수로 연결되지는 않기 때문이다.

부모투자 관점에서 할머니의 도움은 폐경의 진화적 의미를 이해하는 열쇠가 될 수 있다. 부모투자는 매우 소중한 자원이어서, 주는 쪽은 합당하게 나누어 주기 위해 애쓰고 받는 쪽은 혼자 독점하려고 안간힘을 쓴다. 그러다보니 부모투자를 놓고 수많은 갈등이 벌어질 수밖에 없게 된다.

우리는 왜 먹고, 사랑하고, 가족을 이루는가?

부계불확실성

"애가 어쩜 이렇게 당신을 많이 닮았지, 당신 판박이네!" 갓 태어난 신생아를 두고 엄마가 아빠에게 으레 하는 말이다. 대체로 엄마를 비롯한 외가 쪽 사람들이 아이가 아빠를 많이 닮았다고 이야기하고, 아빠와 친가 쪽 사람들은 긴가민가한다. 신생아는 과연 누구를 닮았을까? 정말 누구를 닮았는지 정확히 알아내려면 친가나 외가쪽 사람들을 전혀 모르고 이해관계도 없는 사람을 불러 물어봐야 한다. 결과는 놀라웠다. 사람들은 대부분 아기가 엄마를 훨씬 더 많이 닮았다고 대답했다. 그렇다면 왜 엄마와 외가 쪽 사람들은 아기가 아빠를 많이 닮았다고 입을 모아 이야기할까? 물론 아빠를 닮기는 했지만 객관적으로는 엄마를 훨씬 더 많이 닮았는데도 말이다. 여러 나라에서 똑같이 일어나는 이런 기이한 상황은 아빠들이 부성父性에 대해 가질지도 모르는 의심을 가라앉히기 위한 무의식적 조작행위로 해석할 수 있다.

이런 일이 벌어지는 이유는 남자들이 자신이 아기의 진짜 아버지인지 아닌지에 유난히 민감하기 때문이다. 어린 아이를 살해한 아버지는 아이가 자신을 닮지 않았다는 이유를 들어 자신의 행동을 정당화한다. 또 가정 폭력을 휘두른 남성들을 대상으로 한 조사에서 가장 심하게 아이를 학대한 원인이 아이가 자신을 닮지 않았다고 생각하기 때문이라고 한다. 아이가 친자인지 의심하게 될 때에는 아마 얼굴 말고도 여러 다른 이유가 있어서일 것이다. 그렇다고 해도 여전히 얼굴 생김새가 닮은 것은 친자임을 보여주는 강력한 증거임에는 틀림없다. 좀 더 일반적인 사례를 들자면 186곳의 전통 사회를 대상으로 한 연구에서 부성 투자는 주로 자신이 아버지임이 확실할 때 이루어진다고 한다. 아이의 사진을 가지고도 실험을 해 보았다. 사진에 조작을 가해서 실험 대상과 많이 혹은 적게 닮은 아이 사진을 여러 장 만들어 보여주자 남자들은 여자들보다 얼굴이 닮은 정도에 더 민감한 반응을 보였다. 주로 부모투자와 관련한 결정을 내려야 할 때는 더욱 그랬다. 게다가 아이의 얼굴이 닮았는지 알아볼 때 뇌에서 뉴런이 더욱 활발하게 반응한다. 그래서 남자는 자신과 아이가 닮았는지 판단하는 능력이 여자보다 유난히 더 발달한 듯하다. 닮은 것은 자신의 유전자가 잘 전해졌는지 보여주는 증거니까 말이다.

아버지가 생물학적 친부가 아닌 상황이 자주 일어날까? 문화, 지역, 사회경제적 수준에 따라 0.8~30퍼센트까지 큰 차이를 보이기는 하지만, 그래도 평균적으로 3~4퍼센트 정도는 현재 아버지가 생물학적 아버지가 아니라고 한다. 이 수치는 다시 말해, 20~30명이 모인 고등학교 한 반에서 평균 1명 정도는 아버지의 성姓은 물려받았지만 유전자는 물려받지 못했다는 얘기다. 이 정도면 비율이 높은 편일까? 자연선택적인 관점에서는 그렇다. 왜냐하면 아버지, 어머니, 혹은 아이 당사자의 이해관계에 따라 이런 현상을 제한하거나, 감지 혹은 위장하도록 유전적·문화적 구조가 만들어져 있는데도 그러하니 말이다.

부계불확실성과 관련된 갈등이 핵가족에만 국한된 것은 아니다. 세대는 달라도 아버지들은 의심을 하고, 이러한 의심은 조부모가 손자에게 쏟는 애정에도 미묘한 차이를 만든다. 외할머니는 자신의 유전자가 손자에게 전해졌음을 확신하지만 친할아버지는 아들에게 자신의 유전자가 전해졌는지도 100퍼센트 확신하기 어렵기 때문에 손자에 대한 확신은 더더욱 없다. 손자에 대한 조부모 투자의 정도를 비교 조사해 보니 평균적으로 외할머니가 친할아버지보다 손자에게 더 많이 투자한다. 손자를 돌보는 방식이 성별에 따라 다르기 때문이라고 해석할 수도 있겠지만 양가 할아버지를 비교해 봐도 혈연관계에 더 확신이 있는 쪽(외할아버지)이 손자를 더 많이 돌보는 것으로 나타났다. 양가 할머니를 비교해 봐도 같은 결론이 나왔다.

할머니가 친손자보다 외손자를 보다 우선적으로 돌볼 가능성이 있는지와 같은 조부모의 다양한 선택을 연구한 논문이 여러 편 있다. 이런 모든 연구는 손자에 대한 조부모 투자에 차이가 나는 현상을 이해하려면, 부계불확실성을 고려해야 한다고 결론 내리고 있다. 이런 현상은 다른 가족 구성원들에게도 나타난다. 평균적으로 외삼촌이 친삼촌보다, 이모들이 고모들보다 조카들에게 더 많은 투자를 한다.

부계불확실성은 분명 인류 역사만큼이나 오래된 남성의 문제다. 수많은 사회에서 의심에 가득 찬 남편들이 아내들을 집안에 가두거나 일거수일투족을 감시한다. 앞장에서 이미 보았듯 하렘도 외간 남성들이 행여나 침입이라도 할세라 철통같이 경비했다. 이런 사회적·문화적 해결책뿐만 아니라 남성은 생물학적으로 아이의 얼굴 생김새가 자신과 닮았는지 알아내는 체계를 여성보다 더 정교하게 갖춘 듯 하다. 어찌됐든 부계불확실성을 알면 아이들에 대한 가족 구성원의 투자와 같이 특정한 인간 행동을 더 잘 이해할 수 있다.

형제자매간의 경쟁

형제자매들과 맛있는 케이크를 나누어 먹는 시간은 늘 긴장감이 넘친다. 형이나 누나, 언니나 동생보다 작은 조각을 받으면 어쩌나 하는 조바심 때문이다. 부모님은 똑같은 크기로 잘라서 나눠주려고 신중을 기한다. 형제자매간의 경쟁은 늘 공평할까? 물론 그렇지 않다. 보통 서로 나이 차이가 나고 경쟁에 대처하는 능력도 차이가 나기 때문이다. 4세 남자 아이와 두 살 더 많은 누나를 비교해 보자. 말할 것도 없이 누나가 몸집이

우리는 왜 먹고, 사랑하고, 가족을 이루는가?

더 크고, 힘도 더 세고, 더 영리하다. 그런데도 동생이 누나하고 똑같은 크기의 조각 케이크를 먹는다면 나름대로 공평함을 추구하는 부모의 권위에 힘입은 덕분이다. 그것 말고도 감정적·심리적 측면에서 나누거나 양으로 측정할 수 없는 다른 부모자원parental re-sources이 있다. 이러한 부모자원은 귀중하고 한정되어 있기 때문에 형제자매들 사이에서 서로 차지하려는 다툼이 벌어진다. 경쟁과 관련해 형제자매들 사이에서 나타나는 근원적인 불평등을 두고 맏이와 동생들은 각각 어떤 행동을 보일까?

간혹 천재가 혜성처럼 등장해 기존 지식을 뒤흔드는 획기적인 이론을 내놓을 때가 있다. 몇 사람만 꼽자면 코페르니쿠스, 뉴턴, 라부아지에, 다윈, 아인슈타인이 그렇다. 누군가 새로운 이론을 제시하면 곧이어 열렬한 반대자와 지지자들이 나타난다. 좀 더 가까이에서 그들을 살펴보면 반대자와 지지자 사이에 맏이와 동생이 아무렇게나 뒤섞여 있는 것이 아님을 알 수 있다. 반대자에는 맏이들이 훨씬 많고 지지자에는 동생들이 훨씬 많다. 시대를 막론하고 당대의 세계관을 바꾼 획기적인 이론들이 나올 때면 늘 같은 현상이 벌어진다. 지동설(16세기), 혈액순환의 발견(17세기), 종의 진화(19세기), 대륙이동설과 상대성이론(20세기) 등 새로운 이론이 등장하면 어김없이 그래왔다. 급진적인 이론을 받아들이느냐, 거부하느냐에 부분적이지만 출생순서가 영향을 미친다는 것이 이상하게 여겨질 지도 모르겠다. 그러나 이는 성격의 특정 측면이 형제자매 사이의 상호작용을 통해 형성된다는 것을 단적으로 보여준다. 이에 대해 비교적 쉬운 설명을 내놓은 연구가 있다. 첫째로 태어나서 부모자원을 차지하기 위한 경쟁에서 유리한 자리를 차지하고 있기 때문에, 맏이는 가족 내 여러 가지 일들을 있는 그대로 유지하는 데 관심을 가지고 기존 질서에 균열을 일으키는 것을 거부한다는 것이다. 따라서 대체로 맏이들이 더 보수적이고 동생들이 더 반항적이라는 결론을 내릴 수 있으며 많은 연구에서 이러한 경향이 증명되었다. 역사 속에서 예를 찾아보자. 1793년 1월 18일, 프랑스 혁명으로 구성된 국민공회는 루이 16세의 참수형을 투표에 부쳤다. 그 결과를 보면 맏이들은 자신이 속한 계급의 이익에 따라 표를 던졌다. 즉 상위 계급의 맏이들은 왕의 처형에 반대하는 쪽에, 하위 계급의 맏이들은 왕을 처형하자는 쪽에 한 표를 행사한 것이다. 각각의 계급에 속한 동생들은 맏이들과는 정확히 반대로 표를 던졌다. 동생들의 표는 자신들이 속한 계급의 이해관계만으로는 파악하기 어렵다. 거기에 가족의 이해관계와 출생순서를 함께 감안하면 보다 명확한 설명이 가능하다. 외동인 의원들의 투표에서는 특별한 경향이 나타나지 않았다. 따라서 맏이들의 보수적인 태도는 선천적으로 타고난 것이 아니라 가족 내에서 동생들이 태어나면서 그에 대한 반응으로 형성된 것이다. 물론 개인의 성격은 성인이 되었다고 완전히 굳어지는 것이 아니며 나이가 들면서 여러 차례 바뀔 수 있다. 18세기에서 19세기에 걸쳐 진화론을 받

우리는 왜 먹고, 사랑하고, 가족을 이루는가?

아들이는 태도를 예로 들자면, 젊지만 가족 내에서는 맏이인 사람들과 그들보다 55살은 더 나이든 노인이지만 출생순서로는 동생이었던 사람들이 비슷한 수준으로 부정적인 반응을 보였다.

우리 성격의 일부분은 부모자원을 놓고 벌이는 형제자매 간의 경쟁으로 형성되었다. 그래서 피 한 방울 섞이지 않은 남남이라도 맏이라는 공통점을 지닌 두 사람이 한 가정에서 태어난 형제자매보다 닮은 점이 더 많은 것이다.

이혼과 계부, 계모

이혼이나 별거로 헤어지는 부모들도 많다. 이유는 무척 다양한데, 때로는 서로 이해관계가 지나치게 부딪치기 때문이기도 하다. 프랑스에서는 25퍼센트가 넘는 아이들이 이혼하거나 별거 중인 부모와 살고 있다. 아이 편에서 보면 부모가 헤어지는 것은 매우 심각한 일이다. 부모와 더는 함께 살 수 없게 되면서 아이는 부모투자를 덜 받게 되고 일상에서 표현되는 애정도 덜 받게 된다. 물론 아이가 얼마나 손해를 보는지 정확히 측정하기는 어렵다. 하지만 젊은 성인들을 대상으로 부모와 함께 산 쪽과 헤어진 부모와 산 쪽을 비교해 보면 부모투자가 감소하면서 생긴 간접적인 결과를 관찰할 수 있다. 서로 독립적으로 진행된 몇몇 연구 결과에 따르면 아들이 아버지와 함께 살지 않으면 청소년기에 성생활을 좀 더 일찍 시작하며 같은 연령대에 비해 섹스 파트너의 수도 더 많다고 한다. 소녀들의 경우에는 초경 연령이 또래에 비해 낮아졌는데 부모가 헤어질 당시 아이의 나이가 몇 살이었는지에 따라 결과가 다르게 나타났다. 초경 연령처럼 호르몬과 관련한 성징에 변화가 생기는 것과 섹스 파트너의 수와 같은 성행동이 어떤 관계가 있는지는 아직 잘 알려지지 않았다. 아버지가 자식들에게 어떤 역할을 하고, 또 얼마나 중요한지에 대해서는 아직 연구해야 할 부분이 많다.

아이가 어머니와만 살 경우, 간혹 계부를 맞을 때가 있다. 계부는 어머니와 분명 특별한 관계가 있는 사람이다. 어머니와 아이는 본질적으로 매우 강한 관계로 묶여 있기 때문에 계부와 아이의 관계가 긴밀한 경우가 간혹 관찰된다. 하지만 어머니와 계부의 관계가 중요해질수록 어머니와 아이의 관계는 소원해질 수 있다. 게다가 의붓 형제자매가 생길 수도 있어 부모투자를 둘러싼 경쟁이 치열해지고 갈등이 유발되는 환경이 조성되기도 한다. 계부는 친자식들과 유전적으로 가깝기 때문에 부성투자가 자연스럽게 친자식들에게 편중될 것이다. 어머니는 자식 모두와 유전적으로 가까우므로 이러한 편향은 없다. 하지만 계부의 영향을 받아 모성투자에 차별을 둘 가능성이 있다. 이런 일이 정말 가능할까?

일상에서는 좀처럼 찾기 어려운 유아살해라는 예외적인 상황을 생각해 보자. 여러 연구에 따르면 서구 사회에서 계부가 있을

우리는 왜 먹고, 사랑하고, 가족을 이루는가?

경우 0~2세의 유아가 살해될 위험이 150배나 커진다고 한다. 베네수엘라의 야노마미족이나 남태평양 솔로몬 제도에 사는 티코피아족은 여성들이 재혼하려면 젖먹이 아기는 죽게 내버려둬야 했다. 이러한 관습은 아마 수유를 빨리 그만두게 해서 배란이 되도록 하고, 새 남편의 아이들 말고 다른 아이들에게 모성투자가 분산되지 않도록 하기 위해서였을 것이다. 형태는 다르지만 이러한 살해는 고릴라, 침팬지, 회색랑구르원숭이, 아프리카들개, 사자 등 다른 포유류에서도 볼 수 있다.

서구 사회에서 계부가 직접 저지르는 유아살해는 매우 드물며 설사 일어났다 하더라도 고의적인 것은 아니다. 학대의 결과이거나 무의식적인 행위, 혹은 단순 부주의인 경우가 대부분이다.

평균적으로 의붓자녀들에게 부모투자가 덜 주어진다는 것을 보여주는 다양한 측정과 관찰 결과가 있다. 그 결과는 어떨까? 부모투자가 매우 중요한 교육 분야를 예로 들어보자. 계부가 있으면 상급 학교에 진학하는 확률이 줄어들고 학업 기간도 짧아진다. 프랑스에서는 부모가 헤어진다고 아이들의 대입 시험 성적이 영향을 받지는 않는다. 하지만 계부가 있으면 평균적으로 점수가 0.7점 낮아지는데, 이는 계부 때문에 모성투자가 줄어들기 때문인 것으로 보인다. 소년들이 독립하는 나이도 부모가 함께 살거나 이혼했을 때는 변화가 없는데 재혼 가정에서는 낮아진다. 성적인 특성과 관련해서는 뚜렷한 영향이 없다. 계부가 있다고 소녀들의 초경 연령이 빨라지지도 않았고 섹스 파트너의 수에 영향을 미치지도 않았다. 하지만 계부를 둔 소년 소녀의 첫 성관계 연령은 1년 정도 더 빠른데, 이는 부모가 헤어진 후 부성투자가 줄면서 6개월 정도 빨라진 데서 6개월이 추가로 앞당겨진 것으로 볼 수 있다.

신데렐라가 계모에게 구박을 많이 받았다는 이야기는 세대를 거치며 수많은 어린이들에게 알려졌다. 사실 계부가 더하면 더했지 계모보다 덜 위험하지는 않은데, 왜 옛날이야기에서는 유독 계모가 악명을 떨칠까? 아마 옛날에는 출산하다가 죽은 산모들이 워낙 많았기 때문에 계모들이 많아 집단 기억 속에 흔적을 많이 남겼기 때문일지도 모른다. 다른 설명도 가능하다. 전통적으로 어머니들은 아이들에게 옛날이야기를 많이 들려주었다. 따라서 어머니는 아마 혹시 생길지도 모르는 계부의 이미지를 너무 어둡게 만드는 것을 피하고 싶었을 테고 무섭지 않은 존재로 포장하고 싶었을지도 모른다. 반면 어머니 입장에서는 자신의 역할을 계모가 대신할 수도 있을 거라는 생각이 확실히 달갑지 않았을 것이므로 계모를 더 과장해서 나쁘게 묘사했을 수도 있다.

어찌됐건 이 모든 결과는 단지 평균적인 경향일 뿐이며 상황에 따라 차이가 무척 많이 난다는 사실을 잊지 말자. 계부, 계모가 미치는 영향들이 어떤 면은 필요 이상으로 과장되고, 또 어떤 면은 잘 언급되지 않았을 수도 있다. 통계적으로 계부모가 좋은 영향을 미치는 부분도 분명히 있을 것이다.

사회적으로 만들어진 가족 갈등

부모와 자식 간에 일어나는 여러 가지 갈등은 수많은 논쟁을 불러
일으키기도 하고 가끔 언론의 한 페이지를 장식하기도 한다. 하지
만 이런 갈등을 속 시원히 설명해 주는 원인은 아직까지 밝혀지지
않았다. 우선 아주 많이 알려져 있는 갈등부터 살펴보자.

오이디푸스 콤플렉스

프로이트의 세계에서는 부모와 자식 간의
갈등이 완전히 다른 맥락에서 일어난다. 프로이트는 결정적인 시
기를 2~5세로 보고, 이 또래의 남자아이가 어머니와 성적 접촉을
놓고 아버지와 경쟁에 돌입한다고 생각했다. 그래서 아이는 아버
지로부터 거세의 위협을 느끼면서 아버지에 대한 불안감과 적대적
인 태도(오이디푸스 콤플렉스)를 보이는데, 이런 태도는 이후 몇 년에
걸쳐 어머니에 대한 성적인 애착을 포기하고 아버지를 인정함으로
써 해결된다는 것이다. 여자아이들의 경우에는 반대로 아버지에게
성적으로 끌린다.

프로이트는 오이디푸스 콤플렉스를 원초적인 부친살해에서 역
사적 실재성을 찾고, 종교와 문화의 근원이자 근친상간 금지의 원
인으로 본다.

그러나 2~5세의 남자아이가 어머니에게 성적 매력을 느끼고 여자아이가 아버지에게 성적 매력을 느낀다는 것은 증명하기 어려운 주장이다. 연령대 별로 중요한 문제들을 모두 다루는 동화책에도 아이들이 부모에게 성적 매력을 느낀다는 내용은 없다. 그런 내용을 다루는 문화적 전통도 없다. 부모들 역시 이 시기 아이들에게서 모든 연령대에서 흔히 볼 수 있는 성적 호기심 말고 부모에게 특별히 성적으로 관심을 보이는 모습을 전혀 관찰할 수 없다. 좀 더 공식적으로 얘기하면 여러 나라에서 어린이들을 대상으로 진행된 연구들은 아이들은 오이디푸스 가설과는 반대로 동성의 부모를 더 좋아한다는 결과를 보여준다. 연구자들은 "오이디푸스 콤플렉스가 가정 내에 존재하는 과정이라든가 어린이의 정상적인 발달과정임을 확인해 주는 증거가 전혀 없다"라고 결론을 내렸다. 프로이트주의에서는 오이디푸스적 갈등은 단지 내면적으로 일어나는 것이므로 외부적에 직접적으로 드러나지 않으며, 그 때문에 관찰되지 않는다고 설명하지만, 과학자들의 비판을 피해가기는 어려워 보인다.

프로이트가 문화와 종교의 근원이 된 행위라고 주장하는 원초적 부친살해란 어떤 것인가? 오이디푸스 신화에는 확실히 부친살해 이야기가 나오지만, 이것이 전통적으로 자주 등장하는 주제일까? 현재와 과거의 종교에 대한 백과사전적인 연구로 유명한 종교학자 미르치아 엘리아데는 "여러 종교나 원시 신화에서 살해된 아버지에 대한 예를 찾아낼 수 없을 것이다. (살해된 아버지라는) 이 신화는 프로이트가 만들어낸 것이다"라고 말한다.

이보다 더 명확한 설명은 찾기 힘들다. 프로이트는 20세기 초에 오이디푸스 콤플렉스라는 개념을 만들어냈는데, 당시는 사물들의 역사를 제대로 파악하지 않고 섣불리 설명하는 일이 흔하던 시대여서 탄탄한 근거에 기반을 두지 않은 이론들이 나올 여지가 많았다. 프로이트가 근거로 삼았던 관찰들은 임의적으로 형성된 이론의 테두리를 벗어나지 못한 개인적인 해석에 불과하며 확인되지도 않은 것들이었다.

동시대인들과 마찬가지로 프로이트도 영장류에게는 문화가 존재하지 않는다고 믿었고, 그 때문에 원숭이들 사이에서 근친상간회피incest avoidance란 있을 수 없다고 생각했다. 이러한 관점을 비롯해 다른 여러 부분들에서 우리는 이제 프로이트가 틀렸다는 사실을 안다. 영장류 학자들에 따르면 침팬지 암컷들은 무리 내의 거의 모든 수컷들과 짝짓기를 하지만 생부가 누군지 알든 모르든, 곁에 있든 없든, 설사 죽었다 하더라도 아들과는 절대로 짝짓기를 하지 않는다(혹은 거의 하지 않는다)고 한다. 많은 포유류 종들이 모자관계를 비롯한 근친 교배를 회피하는 데에는 유전적인 이유가 있다. 프로이트는 갈등의 원인도 잘못 지목했다. 부모 자식 간에 갈등이 존재하는 것은 사실이지만, 그것은 부모투자와 관련해서이지 성적 문제 때문이 아니다. 그는 2~5세가 결정적인 시기라고 했지만 부모투자를 둘러싼 갈등은 비단 그 시기에만 한정되지 않는다. 아버지와 아들 사이에 성적인 문제를 둘러싼 갈등이 일어날 수는 있지만 유아기가 아닌 청소년기에 일어나며 대상은 어머니가 아니라 보통은 더 젊은 다른 여성들이다.

현재 오이디푸스 콤플렉스는 과학사의 뒤안길로 사라지고 있으며 연구자들은 이를 연금술을 비롯한 다른 케케묵은 가설들과 같은 부류로 취급한다. 하지만 프랑스는 예외적으로 오이디푸스 콤플렉스가 여전히 대중들에게 설득력을 발휘하고 있고 정신분석학을 배우는 학생들에게 변함없이 가르쳐지고 있다. 그래도 역시 의문을 제기하는 목소리가 여기저기서 들려오고 있긴 하다.

연금술에서는 물질은 변화할 수 있다고 주장하며, 그런 주장이 완전히 틀린 얘기는 아니다. 하지만 지극히 주관적인 검토에 기반을 두고 다양한 진실을 외면한다면 과학으로 신뢰하기 어렵다. 연금술의 뒤치다꺼리를 하면서 화학은 자연스럽게 많은 성과를 거둘 수 있었다. 마찬가지로 프로이트주의의 몇몇 생각이 틀린 것은 아니지만 설명의 틀 자체가 별로 유용성이 없다. 예를 들어 프로이트는 유아기가 성인의 행동을 결정한다며 그 중요성을 강조했는데 과학적인 증거가 전혀 없다. 현재 우리는 어떤 섹스 파트너를 선호하는지는 유년기에 부모의 특징이 어땠는지에 따라 형성되는 것 같다고 알고 있다. 나이 많은 아버지를 둔 딸은 어른이 되면 너무 어린 구혼자들은 거들떠보지 않는 경향이 있다. 아들 역시 꾸

준하게 만날 생각이라면 어렸을 적 자신의 어머니 모습과 가까운 파트너를 선호한다. 눈과 머리 색깔에 대한 선호도 마찬가지다. 국제 결혼한 부부의 경우 아이들은 자신과 성별이 다른 부모와 같은 인종의 사람과 결혼하는 것을 더 선호하며 이런 경향은 재혼의 경우에도 마찬가지다. 비단 인간에게만 한정된 현상이 아니며 오스트레일리아의 조류, 양, 염소도 똑같은 경향을 보인다. 바로 여기에서 프로이트의 해석이 한계에 부딪친다. 사람들은 아마 배우자를 선택할 때 가정환경에서 얻은 광범위한 사회적 정보를 이용하는 것 같은데, 이런 현상을 조류와 유제류에게서도 마찬가지로 관찰할 수 있는 것이다. 하지만 이에 관해서는 연구가 많이 진행되지 않아 아직 완전히 밝혀지지는 않았다.

청소년기의 반항

아직 어린 줄로만 알았던 자녀가 벌써 말대꾸를 하고 툭하면 발끈거린다면? 경험 많은 부모라면 이렇게 말해 줄 것이다. "사춘기인가 보네요, 마음 단단히 먹어요." 청소년기는 부모들이 모두 두려워하는 '질풍노도의 시기'다. 이렇게 말도 많고 탈도 많은 청소년기를 어떻게 설명할 수 있을까? 이에 대해 알아보려고 관련 서적을 읽어보면 십중팔구 호르몬이 대거 분비되어서 외모적으로나 생리적으로 수많은 변화가 시작되는 시기라고 나올 것이다. 또한 청소년기의 반항은 이렇게 대거 분비되는 호르몬 때문이라고 덧붙인다. 호르몬이 일으키는 생물학적 영향 때문에 아직 자라는 중인 청소년이 심리적으로 동요를 일으키는 것이니 고칠 방법이 없고 적응하는 수밖에 없다는 것이다. 아마 그럴지도 모른다. 하지만 지난 수세기 동안 아무도 청소년기를 '반항기'라고 하지 않았다는 사실을 알고 있는가? 17세기와 18세기에 나온 회상록들을 보면 저자와 주변 사람들의 개인적인 삶과 당시의 사회와 가정 생활을 아주 세세한 부분까지 자세히 알 수 있다. 그런데 아무리 찾아봐도 현재 우리가 '청소년기의 반항'이라고 부르는 현상에 대해서는 단 한 줄도 없다.

당시 청소년들의 삶이 어땠는지 돋보기를 들이대고 자세히 살펴보자. 루이 14세와 루이 15세는 열세 살에 왕좌에 올랐는데 왕들에게는 그 나이가 성년이었다. 루이 조제프 드 몽캄 장군은 아홉 살에 연대의 기수로 임명되었고 열일곱 살에 대위가 되었다. 알렉상드르 드 틸리는 열다섯 살에 신세지던 집 주인의 예쁜 첩을 유혹하고, 다음날에는 매춘부한테 갔다가 성병에 감염되고, 열여섯 살에는 검을 들고 결투를 벌이다 부상을 입는다. 청소년기의 소녀들은 어땠을까? 장리 백작부인은 열서너 살 때 성악과 하프 수업을 받고 매일 여러 시간 연습을 했으며, 희곡을 읽고 연기 활동을 하며 모임의 흥을 돋우곤 했다. 매일같이 살롱에서 열리는 어른들의 모임에 참가하고 토론에 귀 기울이며 자기 의견을 활발하게 이야기하기도 했다. 빛나는 음악적 재능으로 모임에서 단연 돋보이는 존재였고 청혼을 받기도 했다. 귀족들 말고 평민의 아이들은 어떤 생활을 했을까. 농부의 아들은 다른 농부들과 함께 밭에 나가 일을 했고, 빵집 주인의 아들은 다른 견습생들과 함께 열심히 밀가루 반죽을 했다. 청소년기에 접어들면서, 아니 그 몇 년 전부터 아이들은 벌써 부모품을 떠나 어른들과 대등한 생활을 했다. 물론 경험이 없는 미숙한 성인이라는 뜻의 '청소년l'adolescent'이라는 프랑스 단어는 13세기부터 있었지만, 이 젊은이들은 벌써 성인의 사회 생활에 깊숙이 발을 들이고 온전히 한 몫을 하고 있었다.

그렇다면 최근 우리 사회에 나타난 청소년기의 반항은 어떻게 된 것일까? 한 가지 확실한 것은 청소년들이 이제 더이상 어른들과 사회생활을 함께 하지 않는다는 사실이다. 청소년들은 같은 문화를 가진 또래집단을 발달시키고 그 안에서만 통용되는 표현과 언어를 쓰면서 자기들끼리만 모인다. 이렇게 또래끼리 어울리는 청소년들에게 부모들과 어른의 권위는 거추장스럽고 방해만 되지 무슨 소용이 있겠는가? 청소년들이 이렇듯 어른들의 사회에서 멀어지게 된 이유를 어떻게 설명할 수 있을까? 우선 아동노동이 금지된 것을 이유로 들 수 있겠다. 1840년 프랑스 의원들은 처음으로 아동 노동의 문제점을 거론했고 산업의 자유와 경제에 미치는 영향을 우려하는 반대 목소리를 물리치고 처음으로 법적 제제를 마련했다. 8~10세 아동은 하루에 8시간 이상, 12~13세 아동은 하루에 12시간 이상 노동하는 것을 금지하는 내용이다. 지금으로선 고개가 갸웃거려지긴 해도 지나친 노동에 시달리던 아동을 보호하는 최초의 법적 보호 장치라는 데 그 의미가 있다. 이후로 법에 의한 아동노동 시간 제한은 점차 강화된다. 두 번째 이유가 더욱 결정적인데, 바로 학교 다니는 기간이 늘어났다는 점이다. 1882년부터 7세에서 13세까지의 아동으로 제한되었던 공적 의무교육 기간이 1936년 14세로, 1967년 16살로 늘어났다. "청소년기란 무엇보다 늘어난 취학 기간의 혜택을 누리는 특혜받은 시기로, (……) 아동 노동은 거의 찾아볼 수 없게 되었다. (……) 이런 인생의 시기는 점차 사회 전체로 확산되어 2차 세계 대전이 끝난 후부터는 대중적인 사회 현상이 되었다."

세 번째 이유는 보다 최근에 시작되었는데 아마 청소년기의 반항이 갑자기 폭발적으로 커지게 된 원인으로 볼 수 있을 것 같다. 60년대부터 텔레비전 시청이 폭발적으로 증가해서 가족 내뿐만 아니라 바깥에서도 사회적 상호작용이 줄어들었기 때문이다. 프랑스 남부 에로 지방의 작은 마을 플로랑삭에 사는 한 주민은 60년대에는 저녁마다 거리에서 청소년들이 삼삼오오 모여 서로 친구들 집에 놀러 다녔다고 말한다. 마을 전체에 활기가 넘쳤고 벤치에는 늘 노인들이 앉아있었다고 한다. 그런데 텔레비전이 등장하면서 이런 분위기는 사라져버렸다. 현재 프랑스에서는 남녀 할 것 없이 16세 청소년은 평균 하루 2시간씩 텔레비전이나 컴퓨터 앞에서 보낸다. 텔레비전을 보지 않는 프랑스인은 5퍼센트에 지나지 않는다.

청소년기의 반항은 피할 수 없는 현상이 아니며 모든 청소년들이 반항을 하는 것도 아니다. 부모의 역할이 매우 중요하다. 부모가 아이들에게 뭔가를 가르치는 과정에서 자율성을 적정한 수준에서 인정해 주고 사회생활의 규칙들을 권위적이지 않고 일관성 있게 알려주면 청소년기에 부모와의 갈등이 줄어든다. 부모의 사회생활에 아이가 함께 하는 것도 도움이 된다.

사회에서 자기 자리를 찾기 위해 애쓰는 젊은 남성은 시대를 막론하고 모든 사회에서 껄끄러운 방해물 같은 존재였다. 하지만 그것이 청소년기 반항의 원인은 아니다. 청소년기의 반항은 남녀 모두에게 해당되는 현상이며 불과 수십 년 전만해도 프랑스에서는 없었던 일이다. 전통 사회를 연구하는 한 민족학자는 "문화간intercultural 연구 자료를 보더라도 청소년들이 가족 내 연장자 혹은 다른 성인들과 지속적으로 갈등을 빚는 경우는 볼 수 없었다"고 말한다. 청소년기의 반항이 단지 호르몬 때문이라고 하는 건 근접원인에 기댄 설명에 지나지 않는다. 최근의 사회 변화 때문이라고 설명하는 편이 더 낫다.

사회 변화를 이끄는 가족 구조

우리는 개인의 성격이 부분적으로는 출생순서의 영향을 받을 수 있다는 사실을 앞에서 살펴보았다. 그런데 이는 주로 서구 사회에서 실시된 연구 결과이고 핵가족이 지배적인 현 시점의 모든 가족 유형을 대표하는 것은 아니기 때문에 가족 유형이 달라지면 다른 결과가 나올 수 있다. 하지만 엠마뉘엘 토드가 제안하듯, 가정 환경을 단지 개인의 성격과 행동을 만들어내는 거푸집으로 여기는 데서 벗어나 좀 더 넓은 시각으로 볼 수도 있다.

전통적으로 형제들 사이에서 재산이나 결혼의 권리를 비롯해 모든 것을 공평하게 나누는 가족 제도에서는 형제간의 갈등이 제한적인 경향이 있다. 또한 형제들이 결혼해서도 한 집에 모여 사는 가족 제도는 함께 생활해 나가면서 형제간의 협력이 장기적으로 이득이 된다는 것을 보여준다. 이 두 가지 형태가 합쳐진 것을 가족공동체라고 한다. 이러한 대가족 내에서 결혼을 제한하는 규칙 한 가지를 더하면(형제들의 자녀들은 서로 결혼할 수 없다), 족외혼 가족공동체가 탄생하며 러시아, 유고슬라비아, 중국, 베트남에서 그 예를 찾아볼 수 있다.

이러한 형태의 가족 구조가 지배적이었던 곳에서는 20세기 초에 공산주의 체제가 자리 잡았다. 생각해 보면 공산주의는 1917년 이전의 러시아처럼 인구의 대부분이 농민이고 농업이 활발한 나

우리는 왜 먹고, 사랑하고, 가족을 이루는가?

라가 아니라, 영국이나 독일처럼 프롤레타리아 계급의 인구가 많은 나라에서 대두했어야 말이 된다. 그런데 다양한 나라에서 조사해 본 결과 경제활동 인구 중 노동자의 비율과 공산당에 투표한 비율 사이에는 큰 상관이 없었다. 오히려 가족의 형태가 어땠는지를 알아보면 정치 변화를 이해하는 데 있어 더 나은 실마리를 얻을 수 있다.

가족 환경이 우리의 성격이나 성인이 된 후에 하는 행동에 전혀 영향을 미치지 못한다면 그것이 더 놀라운 일일 것이다. 가족의 역할이란 아이가 사회생활에 준비할 수 있게 해 주는 것이기 때문이다. 이러한 준비는 교육을 비롯한 여러 가지 형태로 이루어지며 그 방식은 다소 차이는 나지만 공평할 수도 있고, 역시 다소 차이는 나지만 권위적일 수도 있다. 교육 모델이 다른 두 가족이 있는데 한쪽은 장차 재산을 모두 상속하게 될 장남과 다른 형제들 사이에 차별을 두고, 다른 한쪽은 모두 다 공평하게 교육한다고 해 보자. 이런 두 가정에서 각각 자란 성인들은 분명 같은 쪽에 투표하지 않을 것이다.

가족은 다양한 관계를 만들어 내면서 사회생활에서 항상 매우 중요한 역할을 해 왔다. 여러 전통 사회에서 대가족에 둘러싸인 사람은 삼촌도 사촌도 없는 외동보다 더 잘 살아남을 수 있었으며 특히 집단 간에 분쟁이 일어난 상황에서는 절대적으로 유리했다. 비슷한 경우를 동물들에서도 쉽게 찾아볼 수 있다. 형제가 있는 새끼 사자는 나중에 커서 번식에 성공할 확률이 더 높다. 다른 수컷들이 지키는 암컷 무리를 습격할 때 확실한 동맹인 형제와 함께 할 수 있기 때문이다.

가족관계로 묶인 사람들이 왕국을 만들어 특권을 독점하는 경우도 있다. 그 중 한 형태가 어떤 사람이 고위층에 오르면 가족 구성원들에게 특전을 주는 친족등용nepotism이다. 현대 사회에는 왕국이 거의 존재하지 않지만 친족등용의 사례는 아직도 여러 곳에서 볼 수 있다. 대체로 유전적으로 가장 가까운 사람들과 가장 강한 가족 관계로 묶이고 친하게 지내는데 이는 가족이 단순히 문화적으로 구성된 집단이 아니라는 사실을 보여준다.

가족은 진화하고 있다. 지난 수십 년에 걸쳐 북미와 유럽에서는 아이를 직접 돌보는 아버지의 비중이 눈에 띄게 커졌다. 예전에는 대가족이었던 가족 형태는 오늘날 핵가족, 혹은 한부모 가정으로 바뀌어가고 있다. 이런 상황은 분명히 아이들에게도 영향을 미칠 것이지만 어떤 형태일지, 그 원인은 무엇일지에 대해서는 연구해야 할 점이 많다. 가족생태학이 이에 대한 답을 내놓기 시작했지만 아직은 부족하다. 그래도 막 시작된 신생학문이므로 앞으로 어떻게 발전해갈지 기대해 보자.

감사의 글

이 책은 두 가지 커다란 동기에 의해 쓰게 되었다. 우선 첫 번째는 내 딸에게 그리고 유치원에서 어떤 음식을 주어야 하는지 혹은 주지 말아야 하는지 알고 싶은 아버지로서의 걱정 때문이다. 언론 매체에서 앞다투어 내놓고 있는 식품에 대한 의견들은 일관성이 없고 모순적일 때가 많아서 전혀 도움이 되지 않았다. 그래서 나는 확실한 근거를 찾아 과학 자료를 뒤지기로 했고 특히 진화적 관점에서 식품에 관해 조명한 내용을 찾아보았다. 이렇게 해서 얻은 지식은 1장의 바탕이 되었지만 사실 이걸로 책을 써야겠다는 생각은 하지 않았다. 여기서 두 번째 동기가 등장한다. 자료를 뒤적여가며 얻은 지식을 주위 사람들에게 알려주려고 하니 의외로 안 믿는 사람들이 많았던 것이다. 인류에 관한 진화생물학의 전문적인 연구 지식을 근거로 이야기를 해도 마찬가지였다. 아마 내가 다룬 모든 주제의 결론들이 언론에서 일상적으로 소개하는 지식들과 너무 달라 그런 것 같았다.

우리는 왜 먹고, 사랑하고, 가족을 이루는가?

내가 어떤 자료들을 근거로 생각들을 정리했고 논리를 전개했는지 세세하게 보여줄 수 없으니 설득하기도 힘들었다. 하지만 몇몇 사람들이 내가 전하고 싶은 메시지의 중요성을 이해해 주었고, 누구나 쉽고 편하게 읽을 수 있는 글로 써 보라고 응원해 주었다. 이러한 끊임없는 격려에 힘입어 나는 펜을 쥐고 첫 페이지를 쓸 수 있었다. 알렉상드라 알베르뉴, 파니 카리에르, 마르크 파스토르, 알렉상드르 크르티올, 마리안 도바냐, 클로에와 얀 디즈뇌프, 샤를로트 포리, 카티 졸리베르, 올리비아 쥐드송, 파비엔 마르탱, 파델라 타문에게 감사하고 싶다. 또한 석사 과정의 수많은 학생들, 그 중에서도 특히 내 수업 내용에 관심을 갖고 임해준 모든 학생들에게 감사한다.

나는 언론이 확산시킨 대중적인 믿음과 현재 과학 지식의 격차가 두드러지게 크다고 판단되는 주제들을 골라 이 책을 썼다. 따라서 이 책의 여러 장에서 내린 결론 몇 가지는 현재의 관점에서 보면 정치적으로 '올바르지 않을' 수도 있다. 호기심이 많은 독자를 돕기 위해, 혹은 까다로운 독자를 만족시키기 위해, 혹은 이 책을 읽다가 눈살을 찌푸릴 독자를 안심시키기 위해, 내가 이 책을 쓰면서 참조한 모든 학술지, 책, 연구, 논문, 조사자료 등을 낱낱이 밝혀 둔다. 발레리 뒤랑의 인내심과 전문성이 없었다면 이렇게 방대한 자료를 찾고 정리하는 일은 도저히 불가능했을 것이다. 각 장은 초고를 읽고 보내준 논평과 반응에 따라 조금씩 바뀌었다. 그들은 달갑지 않았을 실험 대상의 역할을 맡아 어떤 비판도 아낌없이 해주는 어려운 임무를 맡아주었다. 그 중 몇 사람은 내게 어떤 자료와 정보들이 정말로 유용하다는 조언도 해 주었다. 알렉상드라 알베르뉴, 실뱅 빌리아르, 뤽 브레메르, 마리아 루이자 브로세타, 다미엥 카이요, 라케 카라타유, 장 클로드 슈발리에, 안나 코위에, 알렉상드르 쿠리티올, 마리안 도바냐, 발레리 뒤랑, 샤를로트 포리, 아네스 피샤르, 기야 가넴, 에블린 아이에, 세실 위샤르, 엘리즈 위샤르, 피에르 켄느, 마크 커크패트릭, 안데르스 묄러, 상드린 피크, 플로랑스 플레나, 시몽 포피, 장 카미유와 델핀 레이몽, 미레이유 레이몽, 자키 쉬코프, 프리실 투라이유, 그리고 이 책의 편집자 니콜라 비트코프스키 덕분에 이 책의 모양새와 내용이 점점 나아질 수 있었다.

각 장에 담긴 메시지들이 조금이라도 독자에게 전해진다면 위에서 언급한 모든 사람들의 공이다. 특히 마리아 루이자 브로세타는 내게 큰 도움을 주었다. 글에 애매한 부분이 있다면 전적으로 내 책임이지만 필요에 따른 선택이기도 했다. 읽기 편하게 편집하기 위해서는 많은 내용을 덜어낼 수밖에 없었기 때문이다. 다루는 주제가 다양하기는 하지만 간결하게, 그러면서도 정확하고 명료하게 전달되도록 균형을 맞추기 위해 노력했다. 독자들에게 쉽게 다가갈 수 있도록 과학 자료를 단순화했지만 왜곡하지는 않았다 (그랬길 바란다).

프랑스국립과학연구소CNRS와 몽펠리에 2대학의 합동연구분과인 진화과학연구소를 언급하며 이 글을 맺고 싶다. 이 연구소의 역대 소장인 니콜 파스퇴르와 장 크리스토프 오프레는 내가 하고 있는 인류의 진화생물학에 대한 연구를 전적으로 신뢰해 주었다. 이 책은 내 연구를 간접적으로 드러낸 것이지만, 그래도 나의 의도와 생각은 온전하게 담고 있다.

주
석
●

들어가는 글

크로마뇽인은 4만 년 전 유럽에 등장한 호모 사피엔스를 가리키는 말이
다. 과학계에서 빈번하게 사용되는 이 명칭은, 하지만 농업을 발명하고
정주 생활을 시작한 1만 년 전 이후의 호모 사피엔스에는 해당되지 않는
다. 프랑수아 자코브의 인용구는 Jacob(1999)*에서 발췌한 것이다. 과학
적 논쟁의 대상으로 종의 진화론을 문제 삼는다면 현재 대부분의 과학
분야에 혼란을 야기할 것이다(천체물리학, 지구물리학, 지구화학 등). 하지
만 기술의 발달로 현재 과학이 현실과 잘 맞는다는 것을 보여주는 증거
가 많기 때문에 이런 일이 벌어지지는 않을 것 같다. 이 때문에 과학적으
로 종의 진화는 원자나 은하계의 존재만큼이나 확실하다고 단정할 수 있
는 것이다. 진화생물학으로 동물의 행동을 설명한 것은 Danchin *et
al.*(2005) 논문 참조. 원숭이와 인간을 비교한 것은 Picq & Coppens(2001)
와 Boesch(2007)의 흥미로운 논문 참조. 침팬지의 인지 능력에 관한 놀라

●

* Jacob(1999), p. 203.

운 결과는 Inoue(2007)의 논문 참조. 최근 인류에게 급속하게 이루어지고 있는 유전적 진화는 Hawks *et al.* (2007)을 볼 것. 토끼와 여우의 예는 Dawkins (1982)의 p.65를 참조. 진화생물학은 자연집단 내에 작용하는 '진화적 힘'에 주목하는데 이는 주로 다음과 같다. **돌연변이**―무작위적으로 작용하며 종종 이로운 변이체보다 해로운 변이체를 더 많이 생성한다. **자연선택**―1859년 찰스 다윈이 언급했으며 자연계에서 생존에 유리한 조건을 타고났으면 생존해서 그 특성을 후세에 전하지만 그렇지 않으면 도태된다. **유전자 재조합**gene recombination―양친에서 유래한 염색체 사이에서 서로 교차하는 교환결합이 일어나 완전히 새로운 유전자가 만들어지는 것이다(유성 생식을 하지 않는 종에서는 일어나지 않는다). **유전자 부동**gene drift―한 세대에서 다음 세대로 유전자가 유전될 빈도의 변화가 무작위적으로 나타나는 것을 말하는데, 개체 수가 적으면 변화가 더 크게 일어난다. **유전자 이동**gene migration―한 집단에서 다른 집단으로 유전자의 대립형질이 전달되는 현상을 말한다. 유전자 재조합, 유전자 부동, 유전자 이동은 특정 상황에서는 자연선택과 반대로 나타날 수도 있기 때문에, 최상의 적응 상태를 나타내지 않을 수 있는 원인(즉 부적응의 원인)이 되기도 한다. 진화생물학 입문서로는 Maynard Smith(1998), Futuyama(1998), David & Samadi(2000), Ridley(2004)를 참조.

1. 사람들은 왜 단것을 좋아할까

식생활과 그에 대한 조언이 넘쳐나는 세상

식생활에 대한 조언이 슬로건이나 생활지침처럼 표현되면 의미가 애매해진다. 프랑스 국민영양보건 프로그램Programme national nutrition-santé에서는 "하루에 과일 혹은 채소를 다섯 개씩" 먹으라고 조언하는데 과일은 저마다 크기가 다르다. 미라벨 자두(달콤한 황금빛 자두, 크기는 호두알 만함) 다섯 개를 먹는 것과 바나나 다섯 개를 먹는 것은 분명 효과에 차이가 있을 것이다. 하루에 서로 다른 다섯 종의 과일과 채소를 먹어야 한다고 이해할 수도 있다. 어떻게 해석하건 이러한 지침은 과학적인 근거 없이 그저 사람들에게 전체적으로 과일과 채소를 더 섭취하기를 권장하기 위해 고안되었을 것이다. 하지만 실생활에 적용하기에는 그 구체적인 수치가 약점이 된다. 식생활에 대한 조언에 다른 의도를 섞는 것도 그렇다. 영양학자 장 마리 부르Jean-Marie Bourre는 파테나 소시지 등을 섭취하는 데서 얻을 수 있는 장점을 길게 늘어놓았지만(Joignot, 2006), 자신이 돼지고기 소비촉진을 위한 단체인 돼지고기 정보 센터Centre d'information sur les charcuteries의 과학위원장을 맡고 있다는 언급은 하지 않았다. 그는 또한 곡물이 몸에 좋다고 강조하지만 프랑스 제분협회L'Association nationale de la meunerie française 의 전문가위원회 회원이기도 하며, 계란 섭취를 열렬히 주장하지만 계란 소비촉진위원회Comité national pour la promotion de l'oeuf에서 위촉한 전문가 위원이기도 하다(Julliard, 2006). "배가 고플 땐 과일 한 알을 먹는 것보다 돼지고기를 먹는 게 낫다. 그렇게 하면 식욕이 떨어지기 때문이다"라고 주장한 과학자 세로그Patrick Sérog 박사는 영양학 관련 베스트셀러 저자인데,

거대 농식품기업의 컨설턴트로 활동하면서 수입의 40퍼센트를 벌어들인다. 또한 앞에서 언급한 문장은 한 돼지고기 브랜드의 홍보 연설에서 발췌한 것이다(익명의 글, 2006). 이러한 예는 수없이 많이 들 수 있는데,《치유*Guérir le stress*》라는 책을 쓴 다비드 세르방 슈레베르David Servan-Schreiber 박사는 책에서 오메가 3의 장점을 잔뜩 내세운다. 그런데 그는 오메가 3를 판매하는 이조디 나튀라Isodis Natura의 과학위원회를 이끌고 있으며 주요 주주이기도 하다(익명의 글, 2004).

자신에게 맞는 음식은 따로 있다

식생활 변화의 영향에 관해서는 Huff *et al.*(1982)의 논문에 나오는 토끼 사례 참조. 포유류가 합성할 수 없는 아미노산에 관해서는 D'Mello(2003)의 논문 참조. 예외도 있어서, 일부 포유류는 자신들만의 독특한 식생활을 통해 풍부히 얻을 수 있는 다른 종류의 아미노산에 의존하기도 한다. 우유를 못 먹는 사람들 : 유당에 내성을 가지고 있는 세계 인구 분포에 관해서는 Simoons(1978)와 McCracken(1971)의 논문 참조. 젖소와 인간의 유전적·문화적 공진화에 관해서는 Beja-Pereira *et al.* (2003) 참조. 유당 내성이 있는 사람들의 수에 관한 내용은 Tishkoff *et al.*(2007)과 Check(2006) 참조. 국지적 적응의 이론적인 면에 대한 간략한 소개는 Fisher(1958), Kirkpatrick(1996), Orr & Coyne(1992) 참조.

단맛에 감춰진 저주

영장류의 당분을 찾아내는 능력이 평소 식생활에서 과일을 얼마나 먹는지에 따라 다르다는 내용은 Hladik et Picq(2001) 참조. 유럽에서 전통적으로 당분을 어떻게 얻었는지에 대해 알아보면, 예를 들어 로마 시대에는 꿀, 포도, 사과, 배, 월귤, 블랙커런트, 나무딸기에서 과당을 주로 얻었고, 무화과, 대추, 버찌, 석류, 오디, 마르멜로 열매가 포도당의 주섭취원이었다.

과당은 두 번째로 많이 섭취한 당분인데(포도당 다음 혹은 자당 다음) 자두, 산딸기, 수박에 많이 들어있다. 포도당과 마찬가지로 살구, 멜론, 배에는 별로 없다(http://www.medisite.fr/medisite/-Les-fruits- 참조). 식품으로 유용성이 없는 것을 골라내는 식으로 미각이 발달하고 자연선택된 것은 아니다. 어떤 식생활을 하느냐에 따라 입맛이 만들어지고, 여기에는 유전적인 요소와 개인의 취향이 개입된다. 예를 들어 인간은 몇몇 홍조류에 풍부하게 들어있는 한천을 대사화하지 못하며 아무 맛도 느끼지 못한다. 단맛의 강도를 순서대로 나열하면 과당이 가장 달고 다음이 자당, 포도당 순이다. 과당과 똑같은 단맛을 얻으려면 자당은 1.8~2배 정도의 양이 필요하다. Drouard(2005)의 저서 p. 125에서 인용구 발췌. 설탕의 연간 소비량에 대해서 알아보면, 1815년 영국은 1인당 6.8kg을 소비했지만 1970년에는 54.5kg으로 훌쩍 뛰었다. Ziegler(1967) 참조. 미국은 1999년 1인당 70kg이 넘는 설탕을 소비했다(http://www.cspinet.org/new/sugar_limit.html). 프랑스의 1인당 연간 설탕 소비량은 약 35kg이다(http://www.firs.gouv.fr/frame.arp?niveau=2.2). 자료에 따라 수치가 달라지긴 하지만 소비량이 증가하고 있는 추세는 모든 자료에서 확인할 수 있다. Boudan(2004)이 p. 410에 제시한 사례 참조. 비만과 인슐린 저항성 및 제2형 당뇨병과의 관련성에 대해서는 Kahn *et al.* (2006) 참조. 인슐린과 성장 호르몬의 상호작용에 대해 자세하게 알고 싶다면 Cordain *et al.* (2002a)와 그

논문의 참고자료 참조. 엑스 증후군에 관해서는 Reaven(1994), Co-dain(2002)의 5장과 Cordain *et al.*(2003) 참조. 경미한 근시는 디옵터(근시의 정도를 나타내는 단위)가 -1 정도이고, 심한 근시는 디옵터가 -3∼-9 정도 된다. '여드름[acné]'이라는 단어는 1816년 프랑스 사전에 처음으로 기재되었다(*Trésor de la langue française*, http://atilf.atilf.fr/). 근시를 일으키는 식생활에 대한 이문화간 연구와 상세한 분석, 의학적 설명은 Codain *et al.*(2002a) 참조. 서구 여성의 6~10퍼센트가 걸리는 다낭성난소증후군에 관해서는 http://www.pcosupport.org/medical/whatis.php. 참조. 고인슐린혈증의 다양한 증상과 당분 섭취에 대해서는 Reaven(1994), Brand-Miller & Co-laguiri(1999), Cordain *et al.*(2003), Ziegler(1967) 참조. 탄산음료 한 캔을 더 마실 때 생길 수 있는 결과에 대해서는 Ludwig *et al.*(2001) 참조. 운동에 관해서는 Chen(1999) 참조. 과당을 많이 함유한 식품의 부작용에 대해서는 Wylie-Rosett *et al.*(2004) 참조. 식물성 감미료로 단백질의 일종인 브라제인[brazzein]을 들 수 있겠다. 브라제인은 같은 양의 포도당보다 2000배나 더 달며 펜타디플랜드라 브라제아나*Pentadiplandra brazzeana*라는 서아프리카 열대지역이 원산지인 커다란 관목의 열매에 함유되어 있다. 아프리카산 식물인 타강카*Dioscoreophyllum cumminsii* 열매에서 추출한 감미 단백질인 모넬린[monellin]은 자당보다 800~2000배가 더 달다. 아스파탐이나 사카린을 비롯해 시판되는 감미료 대부분은 인공적으로 합성된 것이다. 최근 연구에 따르면 아스파탐이 암을 유발할지도 모른다고 한다(*Soffiritti et al.,* 2006). 이 연구는 관례에 벗어난 방법을 사용해 많은 비판을 받았으며 좀 더 확인이 필요하다. 사카린이 음식을 과다 섭취하게 만들어 비만을 부추긴다는 결과를 내놓은 연구도 있다. 입에서 느끼는 단맛과 실제로 섭취하는 칼로리 사이에 부적절한 생리적 메시지를 전달하여 포만감을 느끼는 신호를 교란하기 때문이라는 것이다. Swithers & Davidson(2008) 참조.

효과 없는 항상화물질

항산화 물질의 효능에 대한 대략적인 내용은 Melton(2006) 참조. 부작용에 대한 예를 몇 가지 들면, 베타카로틴 보조제는 흡연자들에게 폐암에 걸릴 확률을 높일 수 있다. 비타민 C와 E 보조제는 당뇨병을 앓는 폐경기 이후 여성들에게 아테롬성동맥경화증을 촉진할 수 있다. 전체적으로 베타카로틴, 비타민A 혹은 E를 이용한 요법은 사망률을 높인다고 알려져 있다(Waters *et al.*(2002), Lee *et al.*(2004), Bjelakovic *et al.*(2007), The Alpha-Tocopherol Beta Carotene Cancer Prevention Study Group(1994) 참조). 올리브유가 도입되기 전에는 다양한 지역에서 아마씨, 참깨, 순무씨, 모링가 열매 등으로 식용 기름을 만들어서 사용했다(Brothwell & Brothwell(1998), Boudan(2004) p.72 참조). 팜유 같은 포화지방보다는 올리브유를 비롯한 불포화지방을 섭취하는 것이 바람직하다. 액체유를 수소화처리하여 고체의 유지로 만든 것을 경화유라고 하는데, 이 과정에서 생성되는 몸에 해로운 트랜스지방은 섭취하면 안 된다. 트랜스지방이 심혈관질환 위험을 높일 수 있다는 내용은 Ascherio *et al.*(1994)을 참조. 식생활의 변화가 건강에 미치는 영향에 대한 다른 예들은 Eaton *et al.*(2002c; 2005), Eaton *et al.*(2002a; 2002b) 참조.

로컬푸드가 몸에 좋은 이유

문화에 따른 다양한 식생활에 관해서는 Schiefenhövel *et al.*(1997), Schiefen-hövel(1997) 참조. 발리에서 우유를 변비약으로 사용한다는 내용은 Mc-Cracken(1971) 참조. 살구 씨를 프랑스어로 '아망드amande'라고 하는데, 이는 과일의 씨나 '아몬드almond'를 말한다. 살구 씨나 아몬드나 모두 장미과 교목의 씨앗이며 이를 '편도'라고 하는데, 편도는 맛에 따라 감편도와 고편도로 구분된다. 일반적으로 식용으로 널리 이용되는 것은 맛이 달고 향기로운 감편도이고, 고편도는 맛이 쓰고 시안산cyanic acid을 함유하기 때문에 식용으로는 이용하지 않는다. 렉틴이 건강에 미치는 영향에 대해서는 Coradain(1999), Cordain *et al.*(2000) 참조. 초식동물의 식생활에 대해서는 Jermy(1982) 참조. 석회와 나무의 재 등을 이용하여 옥수수를 알칼리 처리하면 소화 가능한 단백질이 많이 만들어진다. 이 단백질에는 특히 옥수수의 다른 단백질에는 없는 필수 아미노산이 풍부하게 들어있다. 자세한 내용은 Katz(1974; 1987) 참조. 제2형 당뇨병 혹은 인슐린저항성, 그외 엑스 증후군의 증상이 지역에 따라 다르게 나타난다는 내용은 Kalhan *et al.*(2001), Dickinson *et al.* (2002), Lindeberg *et al.*(2003) 참조. 역사적 선택 가설은 Diamond(2003) 참조. 우유 섭취와 관련한 간섭은 Hugi *et al.*(1998), Allen & Cheer(1996) 참조. 고추와 캡사이신에 대한 내용은 Nabhan(2004) 참조. 자당분해효소결핍증에 대한 내용은 McNair *et al.*(1972), Bell *et al.*(1973) 참조. 아밀라제 유전자는 Perry *et al.*(2007) 참조. 덩이줄기에 관한 내용은 Nabhan(2004), p.175 참조. 이 책에는 다양한 다른 예도 나와 있다. Agarwal & Goedde(1986), Stinson(1992), 특히 Katz(1987)도 참조할 것. 대두의 발암 위험에 관해서는 Bouker *et al.*(2000),

McClain *et al.*(2006), Trock *et al.*(2000;2006) 참조.

설탕은 다윈의 덫

인용구는 Boudan(2004)의 책 p.415에서 발췌했다. 그는 이 책에서 식품의 변천사, 특히 공장제조 식품의 원료가 건강에 미치는 영향에 대해 흥미로운 역사적 분석을 내놓았다. 최근 프랑스의 비만 인구 변동(1997년 전체 인구의 8.2퍼센트가 비만이었는데, 2006년에는 12.4퍼센트로 증가)에 관해서는 Basdevant & Charles(2006)의 역학 조사를 참조. 식품 과소비를 촉진하는 사회적 원인 중 하나는 텔레비전이라고 주장한다. Temple *et al.*(2007) 참조. 비만이 건강에 미치는 영향, 특히 사망률과 암 발생률에 관해서는 영국 여성 120만 명을 대상으로 한 Reeves *et al.*(2007)의 방대한 조사 참조. 당분이 많이 든 음식의 소비를 억제하는 제도적인 방법에 대해 덧붙이자면, 식품회사들의 거센 로비를 무릅쓰고 2004년 8월 9일 보건당국에서 발포한 2004-806법의 29조와 30조는 이러한 방향으로 내딛는 작은 발걸음이다. Blanchard & Girard(2004) 참조.

2. 의사의 말을 무작정 따라야 할까?
진화의학

20세기 초의 우생학과 우생학에 기반한 여러 주장들에 관해서는 Gayon & Jacobi(2006) 참조. 탈리도마이드에 대한 최초의 의학적 경고에 관해서는 McBride(1961) 참조. 모유수유에 관해서는 Beaudry *et al.*(2006) 참조. 진화의학의 초석을 마련한 논문에 대해서는 Williams & Nesse(1991) 참조. 몇 년 후 출간된 교양과학서는 Nesse & Williams(1995), 1년 후 나온 포 켓판은 Nesse & Williams(1996).

감염에 의한 질병

적응적인 반응인지, 혹은 병원체의 조작에 의한 결과인지와 같은 질병의 증상에 대한 다양한 해석은 Ewald(1980)의 책에 다양하고 구체적인 예들 이 많이 나와 있다. 발열 : 아스피린 복용 실험에 관해서는 Graham *et al.*(1990) 참조. 1927년 율리우스 바그너-야우렉은 노벨 생리의학상을 수상했다. 발열의 계통학적 분류는 Kluger(1979), Kluger *et al.*(1996) 참 조. 변온동물의 체온 조절은 타고난 행태지만, 발열은 적응적인 반응이 다. 원생동물에 감염된 이동성메뚜기에 대한 연구에서 그 예를 찾아볼 수 있다(Boorstein & Ewald, 1987). 철의 전쟁 : 콘알부민은 계란 흰자에 있는 철을 끌어당겨 킬레이트^{chelate}를 만든다. 박테리아는 아주 미세한 농도의 철이라도 끌어 모으는 체계를 갖추고 있는데, 이는 사이드로포어 siderophore, 미생물에 의해 생성되며 철3가이온(ferric iron)의 수송과 격리 작용을 돕는 물질 덕 분에 가능하다. 혈장 내 철의 감소가 기생충에 대항하기 위한 적응인지 에 관해서는 특히 의학적·임상적·실험적·인류학적·역사적으로 논의가 많이 되었다. Weinberg(1984), Denic & Agarwal(2007) 참조. 철이 부족하 면 혈액 내 헤모글로빈 수치가 낮아져서 빈혈이 생긴다. 빈혈이 성장에 미치는 영향에 관해서는 Shafir *et al.*(2006) 참조. 임신부와 모유 : 프랑스 에서 〈국민영양보건프로그램 2001~2005〉를 실시했는데, 전반적인 목표 는 "국민 건강을 결정짓는 주요 요소 중 하나인 영양을 개선해 국민 전반의 건강 상태를 증진하는 것"이다. 이에 따라 9가지 특별 영양 목표를 정했는데, 그중에 "임신 중 철분 부족을 줄인다."라는 내용이 있다(http://www.mangerbouger.fr/telechargements/pnns/intro/Pnns.pdf 참조). 철분보충제를 투여하면 패혈증 위험이 높아진다는 내용에 관해서는 Barry & Reeves(1977) 참조. 젖먹이 아기들에게 철분보충제를 투여한 결과에 관해서는 Dewey *et al.* (2002) 참조. 수유 기간 동안 다른 음식을 먹인 결과에 관해서는 Beaudry et al.(2006) 중에서 특히 p. 164 참조. 락토페린은 철분을 붙잡아두는 역할 뿐 아니라 살균 작용도 한다(박테리아, 바이러스, 진균류를 모두 죽인다). 종에 따라 젖의 구성 성분이 달라진다는 내용에 관해서는 Beaudry *et al.*(2006), p. 138 참조.

너무 깨끗해서 생긴 병, 알레르기

의학계에서는 알레르기의 여러 사례를 19세기부터 서술해왔는데, 이때는 이름도 달랐고 근접원인이 무엇인지도 알지 못했다(1819년부터 영국에 나타난 고초열hay fever을 예로 들 수 있는데 걸린 사람은 인구의 0.6퍼센트도 되지 않았다). 알레르기라는 용어는 1906년에 만들어졌고 상당기간 의학계에서 사용하는 전문용어로 머물다가 20세기를 거치며 큰 변화를 맞았다. 1950년대에 들어 대중들이 많이 보는 사전이나 백과사전에 등장하기 시작한다. 현재 프랑스의 알레르기 발생률에 관해서는 Charpin *et al.*(1999) 참조. 기생충을 이용해 크론병을 치료하는 내용에 관해서는 Summers *et al.*(2005) 참조. 이 병의 원인으로 박테리아가설도 있다(Xavier & Podolsky(2007) 참조). 장내 기생충이 알레르기에 미치는 영향에 대해서는 Falcone & Pritchard(2005), Flohr *et al.*(2006) 참조. 진흙탕에 많이 있는 *Mycobacterum* *vaccoe*라는 박테리아를 이용해 면역계를 강화하고 알레르기를 완화하는 내용에 관해서는 Camporota *et al.*(2003) 참조. 가봉 어린이들의 기생충 치료가 알레르기에 미친 영향에 관해서는 Van den Biggelaar *et al.*(2004) 참조. 다른 예에 관해서는 Correale & Farez(2007) 참조. 알레르기에 미치는 영향에 대한 보다 일반적인 시각에 관해서는 Neukirch(2005) 참조. 출생순서에 따른 영향, 형제의 키, 어린이집, 애완동물에 관한 예는 Ball *et al.*(2000), Svanes *et al.*(1999) 참조. 시골 생활에 관한 예는 Braun-Fahländer *et al.*(1999) 참조. 어떤 기관이 복잡하다는 것은 그 기관이 기능을 한다는 확실한 신호라는 주장에 관해서는 로렌치니 기관Lorenzini's ampullae을 예로 들 수 있다. 상어의 주둥이 부분에 있는 로렌치니 기관은 매우 복잡해서 어떤 기능이 있을 것이라는 추론을 할 수 있었지만 거의 반 세기 동안 알아내지 못하다가 20세기 들어서야 그 기능이 밝혀졌다. 상어는 로렌치니 기관을 통해 다른 생물체의 전류를 감지하는데, 먹잇감이 숨어있더라도 감지할 수 있는 매우 유용한 기능이다. 알레르기의 적응 이론과 관련해서는 Profet(1991) 참조. 모유수유를 하면 알레르기가 감소한다는 내용에 관해서는 Kull *et al.*(2002), Van Odijk *et al.*(2003) 참조. 간접흡연의 영향에 대해서는 Charpin(2005) 참조. 다른 원인들에 대해서는 Guarner *et al.*(2006) 참조.

여자 의사는 왜 없었을까

카사노바의 결투에 관한 내용은 Casanova(1962) 5권, 10부 3장에 나온다. 피임 : 현대의 화학적 피임법 역사에 관해서는 Marks(2001) 참조. 고대 사회의 출생 제한, 실피움의 사례와 피임의 역사에 관해서는 Riddle(1992) 참조. 식물에 함유된 피임과 낙태 효능이 있는 성분에 대한 분석에 관한 자세한 내용은 Riddle(1997) 참조. 아니스는 p. 31, 쥐방울덩굴은 p. 31, 58~59, 쓴쑥은 p. 32, 48, 페니로얄민트는 pp. 46~47, 루타는 p. 48~50, 야생당근은 pp. 50~51, 노간주나무는 p. 54, 알로에는 pp. 55~56, 서양순비기나무는 pp. 57~58. 세이지, 꽃박하, 타임, 로즈메리, 히숍은 pp. 61~63 참조. 입덧 : 입덧의 특징에 관해서는 Flaxman & Sherman(2000) 참조. 대형 유인원도 입덧을 하는지 알아보는 것은 어렵다. 임신 중인 암컷들이 반복적으로 구역질을 하고 때로는 구토까지 하는 모습은 한 번도 관찰된 적이 없다. 태아의 장기가 형성되는 첫 3개월에 나쁜 영향을 주는 물질들을 피하기 위해 입덧을 한다는 가설에 관해서는 Profet(1992) 참조. 기생충 감염을 피하기 위해서라는 가설은 Flazman & Sherman(2000), Fessler(2002) 참조. 익지 않은 고기를 섭취하는 식습관 때문에 톡소플라스마증에 감염된 사람들이 프랑스에도 많다. 50퍼센트 이상의 프랑스인이 해당된다고 Ambroise-Thomas *et al.*(2001)에 나와 있다. 혈청반응에 양성을 보인 소가 69퍼센트, 양이 92퍼센트로 높은 감염률을 보였다(Cabannes *et al.*(1997) 참조). 임신부의 입덧을 치료해야 할까? 몇몇 부작용은 감지하기가 거의 불가능하다는 사실을 알아두자. 유산을 방지하기 위해 권장되었던 디에틸스틸베스트롤의 경우 부작용은 25~30년 후 아이에게 나타났다. 지금까지 알려지지는 않았지만 아이의 IQ를 저하시키는 등의 부작용이 있는 약이 있을지도 모른다. 입덧과 유산 감소와의 상관관계에 관해서는 Ronald *et al.*(1989) 참조. 입덧의 강도와 아이의 출생 시 몸무게와의 상관관계에 대해서는 Zhou *et al.*(1999) 참조. 그러나 의사들이 오조hyperemesis gravidarum라고 부르는, 구역과 구토가

중증까지 치닫는 상태는 적응과 전혀 상관이 없으며 치료가 필요하다.

출산과 산모 사망 : 제멜바이스에 대한 셀린의 논문에 관해서는 Cé-line(1952) 참조. 19세기 이후 산모사망의 역사에 관해서는 Loudon(1992) 참조. 현재 유럽에서 산모사망에 대해 어떤 조치를 하는지에 관해서는 Salanave *et al.*(1999), H.(1973) 참조. 프랑스의 사례에 관해서는 Valin(1981), Coeuret-Pellicier *et al.*(1999), Bouvier-Colle *et al.*(2001) 참조. 19세기 프랑스 농촌지역의 상황에 대해서는 Gutierrez & Houdaille (1983) 참조. 여성의 출산 자세에 대한 인류학적·역사적 분석에 관해서는 Schiefenhövel(1980), Trevathan(1999) 참조.

국지적 적응과 맞춤 의학

개인적인 차이에 대한 예를 들자면, 심부전증에는 베타차단제(노르아드레날린의 자극 활동을 차단하는 약)을 처방하는데, 아드레날린 수용체의 변이체를 지닌 사람들에게 특히 효과가 있고 이 변이체가 없는 사람들에게는 위약이나 다름없다(Liggett *et al.*(2006) 참조). TYMS 유전자 변이체에 따라 류마티스성 관절염 치료를 달리 해야 한다는 내용과 아포지단백질 E와 콜레스테롤 수치에 관한 내용은 Simopoulos(1999) 참조. 인구 집단 간의 차이에 관해 덧붙이자면, 혈액세포의 어떤 한 타입에 발현되는 유전자 4197개 중에 939개가 중국인과 유럽인들 간에 다르게 발현된다(Spielman *et al.* (2007) 참조). PGENI 프로젝트는 150개 유전자에 대한 인종 집단 간의 변이체와 그에 따른 약리적 효과에 대해 연구하고 있으며(http://pgeni.unc.edu/ 참조), 이러한 연구 결과를 인용한 과학 논문이 많이 있다. 인종 집단별로 피부색이 다른 이유와 자외선의 영향과 비타민D, 엽산(혹은 비타민 B9)와의 관계에 대한 적응 이론은 Jablonski & Chaplin(2000) 참조. 산모에게 엽산이 결핍되면 태아에게 어떤 영향을 미치는지에 관해서는 Wilcox *et al.*(2007), MRC Vitamin Study Research Group(1991) 참조. 환경에 비해 피부색깔이 지나치게 짙을 때 나타나는 비타민 D 결핍에 관해서는 Henderson *et al.*(1987)과 Fogelman *et al.*(1995) 참조. 이러한 결핍은 비타민 D가 풍부한 음식을 섭취하면 해결된다. 인종 집단 간에 나타나는 다양한 유전적인 차이점 때문에 치료 효과에 차이가 나는 또 다른 여러 가지 예에 관해서는 Bovet & Paccaud (2001) 참조.

의사가 진화론을 알아야 하는 이유

대형 유인원의 약초 이용, 특히 침팬지 사례는 연구가 많이 되었다. 침팬지와 인간이 기생충 감염을 치료하기 위해 먹는 *Vernonia amygdalina* 에 관해서는 Huffman *et al.*(1995;2002), Huffman *et al.*(1998) 참조. *Trichilia ruberscenes*의 효능을 높이기 위해 침팬지가 흙을 먹는 행동을 보이는 것에 관해서는 Klein *et al.*(2008) 참조. 플라시보 효과에 관해서는 Lemoine(2006) 참조, 인용구는 p.174에서 발췌. 《뉴 사이언티스트New Scientist》 2006년 12월 16일자에 실린 파트릭 르무안의 인터뷰도 참조. 프로작Prozac을 비롯해 주로 사용되는 여러 항우울제의 플라시보 효과를 다룬 밝힌 최근 연구에 관해서는 Kirsch *et al.*(2008) 참조. 동종요법과 플라시보 효과를 비교한 내용에 관해서는 Wayne *et al.*(2003), Vickers(2000), Linde *et al.*(1999) 참조. 생물학적으로 우리 몸이 완전하지 않기 때문에 몸이 겪는 불편함의 이유를 환경과 사회적 변화 탓으로만 돌릴 수는 없다. 이런 상황 때문에 여러 다른 특성이 선택될 때 타협이 이루어지기도 한다. 긴급하고 진화적

우리는 왜 먹고, 사랑하고, 가족을 이루는가?

중요성이 큰 특성들이 보다 선호되어 선택되는 것이다. 예를 들어 번식에 직접적인 관련이 있는 특성들이 수명에 관한 것보다 더 선호되는 식이다. 인간을 비롯한 동물 대부분의 몸에 인식된 노화 과정을 이런 식으로 설명할 수 있다. 몸속에서는 매우 복잡한 상호작용이 이루어지기 때문에 이러한 불완전성을 고치기는 더욱 어렵다. 최근 수의학에서 적용되고 있는 진화의학 사례에 관해서는 LeGrand & Brown(2002) 참조. 미래 의학의 발전에 관해서는 Nesse et al.(2006) 참조.

3. 남자에게 아내는 몇 명이 적당할까
혼인제도와 정치체제

정자의 경쟁에 관한 내용은 Birkhead & Møller(1998) 참조; 모기의 짝짓기에 대한 구체적인 내용은 Clements(1999) 참조. 성性전쟁에 관해서는 Rice(1996)의 실험적 접근과 Chapman et al.(1995), Judson(2004)의 대중적이고 전반적인 분석도 참조. 발정기는 포유류 암컷이 성적으로 민감한 시기를 말한다.

전쟁의 기원

전통 부족 사회의 전쟁에 관해서는 Knauft(1987), Haas(1990), Wrang-ham & Peterson(1996) 참조. 야노마미 족에 관해 덧붙이자면 40살이 넘은 우노카이[unokai]는 평균 약 2명의 아내와 7명의 자녀가 있으며, 우노카이가 아닌 사람들은 1명의 아내와 4명의 자녀가 있다. Changnon(1988),

Lizot(1976) 참조. 인용구는 Chagnon(1997), p. 189에서 발췌. 원문은 *"although few raids are initiated solely with the intention of capturing women, this is always a desired benefit"* 카리브해 원주민에 관한 인용구는 Lubbock(2005), p. 97에서 발췌. *"The Caribs supply themselves with wives from the neighbouring race."* 메소포타미아 문자에 대한 인용구는 Bottéro(1995)에서 발췌. 성경 인용은 신명기 20장 12~14절, '전쟁에 대한 규칙', "(……) 거기에 있는 남자는 모두 칼로 쳐서 죽이십시오. 여자들과 아이들과 가축과 그 밖에 성 안에 있는 모든 것은 전리품으로 가져도 됩니다." 역대하 29장 9절 "조상들이 칼에 맞아 죽고, 우리의 자식들과 아내들이 사로잡혀 갔소." 포로와 결혼하는 관습을 묘사한 것은 신명기 21장 11~14절에 있다. 지중해 지역에 최후로 해적들이 습격해서 동양의 하렘에 팔아넘길 젊은 여자들을 납치해 간 사건에 관해서는 Bouthoul(1991), p. 130 참조. 침팬지들의 전쟁에 관해서는 Wrangham & Peterson(1996), 특히 p. 70과 각주 9, 양적 측면에 관해서는 pp. 271~272 참조. 인간과 비슷한 침팬지의 전쟁에 관해서는 Manson & Wrangham(1991) 참조. 물론 현대전의 원인을 이처럼 단순하게 설명할 수는 없다. 계급구조가 거의 자리 잡지 않은 사회나 다른 동물 종에서는 찾아볼 수 없는 제약(징병 등)이 따르는 내부구조라든가 물질적 문제, 가끔 이데올로기 문제도 걸려 있기 때문이다.

여자 몇몇 남자들만의 미래다?

남비콰라족에 관해서는 Lévi-Strauss(1955), p. 344 참조. 부시먼(혹은 산(San))족에 대해서는 Marsahll(1959), 특히 p. 346 참조. 다른 전통 부족들, 아쉐족에 관해서는 Kaplan & Hill(1985) 참조, 킵시기스[Kipsigis]족에 관

해서는 Borgerhoff Mulder(1990) 참조. 현재 카메룬, 특히 북부 카메룬에서는 전통적인 족장들이 수십 명의 아내를 거느리고 산다. 가끔 사업으로 큰 재산을 모아서 족장으로 임명된 사람들도 있다(P. Kengne과 A. Cohuet의 개인적인 커뮤니케이션). 19세기 벰바족, 수쿠족, 음벨레족과 카메론의 다양한 부족들에 있었던 하렘의 규모에 관해서는 Laburthe-Tolra(1981), 특히 p. 432의 각주 36 참조. 잔데족과 다호메이 왕, 아샨티족에 관해서는 Betzig(1986) 참조. 하렘의 규모에 관한 역사적 자료는 Betzig(1986), Dickemann(1979) 참조. 다리우스 3세의 하렘 규모는 파르메니온이 알렉산더 대왕에게 보낸 편지에 언급되었다. Boudan(2004) 참조. 성경 인용은 르호보암 왕에 대한 언급은 역대하 11장 21절, 아가 6장 8절, 솔로몬 왕에 관해서는 열왕기상 11장 3절, 크세르크세스 왕에 관해서는 에스더 2장 2~4절, 2장 7절, 2장 19절 참조. 인용구는 익명(1982)에서 발췌. 사산조 페르시아의 코에로에스 2세에 관한 내용은 http://en.wikipedia.org/wiki/Harem. 참조. 우다야마 왕의 기록에 관해서는 Betzig(1993) 참조. 서부저지대고릴라 하렘의 기록은 암컷 11마리다(D. Caillaud와의 개인적 커뮤니케이션). 파타고니아에 사는 바다코끼리는 평균 11~13마리의 암컷을 거느리며, 케르겔렌 섬에서는 20~250마리의 암컷을, 매쿼리 섬에서는 100~300마리의 암컷을 거느린다. 수컷 바다코끼리가 최대한 많이 거느린 암컷 수는 파타고니아에서는 134마리, 케르겔렌 섬에서는 1350마리, 매쿼리 섬에서는 약 1000마리다. Campagna *et al.*(1993), Van Aarde(1980), Fabiani *et al.*(2004) 참조.

성차별 받는 남자들

물레이 이스마엘의 자녀 수에 관해서는 Einon(1998), Gould(2000) 참조. 중국 황실에서 최적의 생식을 위해 생리주기를 이용했다는 내용은 Betzig(1993), Van Gulik(1971), p. 42 참조. 가임기간(평균 생리기간 외 23일 중에 6일)을 고려해서 낳을 수 있는 아이의 수를 계산할 수 있는데, 이 계산법을 물레이 이스마엘에 적용해 보면(하루에 1.2번 성관계를 가졌다고 가정할 때) 약 3400명의 아이를 낳았을 것으로 추산된다. 20세기 초 인도 히데라바드 지역에서 하렘을 소유한 왕족은 1주일에 네 아이의 아버지가 되었으며, 그 다음 주에 9명의 아이가 태어날 예정이라는 관찰기록이 있다. 이 추세라면 1년에 약 339명의 아이의 아버지가 된다. Dickemann(1979) 참조. 로마의 하렘에 관해서는 Betzig(1986) 참조. 노예가 자유민이 되는 규칙에 관해서는 Veyne(1999) 참조. 자유민들의 권리에 관해서는 Betzig(1992a) 참조. 인용구에 관해서는 Haechler(2001), p. 317(루이 15세), p. 378 (디옹 대주교), p. 173(리슐리외) 참조. 슈아쬘에 관해서는 Chaussinand-Nogaret(1998), duc de Choiseul(1982), 각주 68, p. 315 참조. 오를레앙공의 섭정에 관한 내용은 Jomand-Baudry(2003), p. 130 참조.

일부다처제, 일부일처제 그리고 장자상속

전반적으로 남아의 출생률이 약간 더 높으며, 이는 남아의 사망률이 약간 높은 것으로 상쇄되어 생식 기간 초반쯤 되면 어느 정도 성비 균형이 맞춰진다. 남녀의 출생률을 좌우하는 몇 가지 변수가 있을 수 있는데, 이에 관해서는 Bereczkei & Dunbar(1997), Lienhart & Vermalin(1946), James(1987) 참조, 체온도 변수가 될 수 있는데 이에 관해서는 Helle *et al.*(2007)

참조. 출생 후에는 여러 가지 요인이 성비를 좌우하는데, 예를 들어 여러 사회에서 자행되었던 여아 살해가 그렇다. 이 경우 평균적으로 남성 한 명 당 여성이 한 명 이하 비율이다. 로마 권력 구조의 본질 : 로마의 유산 상속 관습에 관해서는 Veyne(1999), p. 40 참조. 아우구스투스 황제의 법 해석에 대해서는 Betzig(1992b) 참조. 부부의 출산에 교회가 간섭한 일과 장남과 차남들 간의 다툼에 대해서는 Betzig(1995) 참조. 사제들의 결혼 과 동거에 대해 덧붙이자면, 여러 공의회와 교황청의 선언문에서 사제들 의 결혼과 동거를 단죄하는 내용이 나온 걸 보면 이러한 상태는 빈번하 고 끈질기게 지속되었다는 것을 알 수 있다(1123년에 열린 첫 번째 라트랑 공의회의 종교법 3조와 21조 참조). 마지막으로 결혼한 교황은 펠릭스 5세 (15세기)이며, 이노센트 8세(15세기)는 자신의 사생아를 인정한 최초의 교 황이었으며, 최후로 인정한 교황은 그레고리 13세(16세기)였다. 유산 상 속 규칙은 사회 경제적 지위에 따라 자주 바뀌었는데 상류 계층에서는 장 자상속이 지배적이었다. 지역에 따라서도 차이가 났는데, 예를 들어 앙 시앙 레짐 시대 프랑스 북부지역 평민들은 유산을 균등하게 상속했다. 베 아른Béarn 지방에서는 여성들도 상속자가 될 수 있었는데 이에 대해 부르 디외는 이렇게 설명했다. "(……) 무슨 수를 써서라도 가문의 재산을 보 존하고자 하는 필요성 때문에 궁여지책으로 여성에게 가문의 지속성을 보장하는 근원인 재산을 후세에 확실히 전하라는 부담을 지게 했다. 여 성에게 재산을 상속하는 경우는 남성 상속자가 없을 때만으로 제한되었 다." 더 구체적인 내용을 알고 싶다면 Bourdieu(1972), Flandrin(1995) 특 히 pp. 88~93, Augustins(1989), Hrdy & Judge(1993) 참조.

성의 독점과 전제군주제

로마 황제들과 다호메이 왕이 아내를 얼마나 두었는지에 대한 내용에 관해서는 Betzig(1992a)와 Betzig(1986) 특히 p. 70 참조. 루이 15세에 관한 내용은 Mme de Caylus(1986) 특히 p. 83 참조. 프랑스의 여성작가인 세비네 후작부인은 몽테스팡 부인이 놀랄 만큼 아름다웠다고 전한다. 몽테스팡 부인은 왕의 자녀를 7명 낳았다. 나폴레옹에 관해서는 Masson(1894) 특히 p. 61 참조. 불공평한 법 적용에 관해서는 Betzig(1986) p. 45 참조. 틀링깃 족의 예는 Oberg(1934) 참조. 이를 Betzig(1982)에서 인용하기도 했다.

지금은 어떨까?

사회경제적 지위에 따라 성적 접근이 다르다는 내용은 Pérusse(1993) 참조. 그런데 다른 지위도 성적 접근에 차이를 낳는데, 예를 들어 평균적으로 스포츠 선수들은 스포츠를 하지 않는 사람들보다 더 많은 섹스파트너가 있으며, 최고 수준의 스포츠 선수는 섹스파트너가 더 많다(Faurie *et al.*(2004) 참조). 사회 경제적 지위에 따른 자녀의 수는 Fielder *et al.*(2005), Fielder & Huber(2007) 참조. 지금은 쉽게 이혼하고 동거할 수 있기 때문에 연속적인 일부다처제가 실현될 수도 있다. 여러 여성들과 만났다 헤어지면서 자녀들을 가지면, 한 남성이 얻을 수 있는 자녀수는 단 한 명의 배우자와 살면서 얻는 자녀수보다 훨씬 많을 것이다. 여성의 생식 조절 가능성에 관해서는 Baker & Bellis(1994), Platek & Shackelford(2006) 참조. 사회 지위에 따른 사생아 수에 관해서는 Cerda-Flores *et al.*(1999) 참조. 동물들에게 있어서 이러한 수의 변화는(무리 내 지위가 더 강한 개체들이 사생아 수가 더 적다는 것) Møller(1994), Lindstedt *et al.*(2007) 참조. 모권사회의 정의에 관해서는 Larousse에서 나온 대부분의 사전과 저서에 언급되어 있다. Tamisier 용어사전(1998), 1998년 판 *Petit Larousse illustré*, 2001년 판 Petit Larousse 등. 이 문제에 대해 지적하고 있는 드문 사전 중 하나는 *Diccionario enciclopédico universal*이다(인용구의 원문 "*hay que decir que rara vez ha existido un matriarcado puro*"). 가끔 "남아프리카의 많은 흑인 부족들에게서 모권사회가 존재한다." 같은 판타지 소설 같은 예가 등장하는 오래된 사전들도 있다(Larousse pour tous, c. 1907, Nouveau Petit Larousse illustré, 1924). 이러한 예는 1948년 판에도 나오고, 1956년 판에도 나온다. 사실 '모권제'라는 개념은 1861년 바흐오펜J. J. Bachofen, 1815~1887이 《모권*Das Mutter-recht*》이라는 책에서 처음 도입한 것이다. 중국 남서부에 사는 모소족 같은 일부 부족들이 모권제에 가까운 사회 구조를 유지하고 있긴 하지만 그마저도 완전한 모권제는 아니다. 영장류들에게서 집단 내에 영향을 주는 지위를 얻거나 유지하기 위해서 사회적인 조작을 하는 정치적인 행동을 관찰할 수 있는데, 이에 관한 내용은 de Waal(1989), de Waal & Lanting(1997) 참조. 남성들의 키가 생식의 성공에 미치는 영향에 관해서는 Pawlowski *et al.*(2000), Nettle(2003) 참조. 라퐁텐의 우화는 《흑사병을 앓는 동물들*Animaux malades de la peste*》에서 발췌.

4. 인간은 왜 암수한몸이 아닐까
남자와 여자

Cioran(1987)의 인용구는 p.65에서 발췌. 두 번째 인용구는 클로드 레비스트로스의 제자였던 여성 학자 Françoise Héritier(2007)에서 발췌. 남녀의 차이에 대한 인용구는 어느 시대에나 찾아볼 수 있는데 대체로 여성에게 비호의적인 내용이 많다. "(여성은) 수동적이고 보수적이다. (남성은) 혁신적이고 창조적이다"(Faure(1957)). "남성과 여성은 성격적으로나 기질적으로 똑같이 형성되지 않았고, 형성되어서도 안 되기 때문에 같은 교육을 받아서는 안 된다."(Rousseau(1762), p.473.) Beauvoir(1949)도 여성에 대한 몇몇 비호의적인 평가를 소개했는데, 그중 아리스토텔레스는 이렇게 말했다. "우리는 여성들이 선천적인 결함 때문에 고통 받고 있다는 점을 감안하고 그 성격을 파악해야 한다." (p.17) 클로드 모리아크는 "우리는 얌전하고 냉랭한 목소리를 듣는데 (……) 그녀들 중에 가장 똑똑한 여자라도, 그녀의 정신에 환하게 비추인 생각들은 우리에게서 온 것임을 안다"(p.28)라고 했다. 토마스 아퀴나스는 "여성은 남성의 지배를 받으며 살 운명이며 그 어떤 권력의 열쇠도 지니고 있지 않다"(p.159)라고 했으며, 오귀스트 콩트는 "여성들과 프롤레타리아는 작가가 될 수도 없고 되어서도 안 된다"(p.192)라고 했다.

생물계에서 암수의 차이
성별에 따라 다른 외모적 특징을 보이는 종들이 있는데, 예를 들어 사자의 수컷과 암컷은 성기를 관찰하지 않아도 즉각 구분할 수 있다. 하지만 이러한 기준은 대체로 새끼들에게는 적용되지 않는데, 갈기와 같은 외모적인 특징은 주로 성년기 초입에 발달하기 때문이다. 일부 종에는 꽤 절대적인 성별을 구분하는 외모적 특징들이 존재하지만, 이런 특징들이 포유류 종들에게 보편적이지는 않다. 예를 들어 삼색 털을 지닌 고양이는 대개 암컷이다. 점박이하이에나는 가짜 음경과 모양만 비슷한 가짜 음낭을 지니고 있어 생식기만 눈으로 관찰해서는 암수 구분이 어렵고, 손으로 주의 깊게 만져봐야 알 수 있다. 이러한 성별과 관련한 의태擬態의 진화적 설명은 Muller(2002) 참조. 성 역할이 바뀐 조류는 11종이 있는 것으로 파악되었는데, 깝짝도요, 물꿩, 흰눈썹물떼세 등이 포함되어 있다(Cézilly & Danchin(2005) p.308 참조). 새끼를 낳는 수컷 해마에 관해 덧붙이자면, 암컷이 난자를 수컷의 육아낭에 넣으면 수컷은 난자를 수정시켜서 알이 부화할 때까지 기른다. 수컷과 암컷의 크기 차이에 대해서는 Fairbairn *et al.*(2007) 참조. 자웅동체 개체(수많은 식물, 연체류 등)들은 개별적인 기관에서 두 가지 생식세포를 모두 생산한다. 난자와 정자의 크기 차이는 종마다 다른데 조류에게서 그 차이가 가장 크게 나타난다. 조류의 난자는 알하고 크기가 같다. 성선택 : 생식세포의 진화 모델에 관해서는 Parker *et al.* (1972), Bell(1978), Maynard Smith(1978) 참조. 자연에서는 온갖 유별난 성적 행동을 관찰할 수 있다. 이러한 다양한 성적 행동이 '맞춤' 선택을 낳는다. 일부 종에서 나타나는 성 역할의 반전(수컷이 알을 부화시키고 새끼들을 키우기 때문에 암컷이 수컷에게 접근하기 위해 자기들끼리 다툰다든지), 수정란을 키우는 양분을 얻기 위해 암컷이 수컷을 먹어치운다든지, 부계불확실성을 없애기 위해 특이한 짝짓기 기술을 발달시킨다든지, 성적 의태를 한다든지 하는 행동들을 예로 들 수 있다. 자세한 내용은 Judson(2004) 참조. 제비의 꽁지깃에 관해서는 Møller(1988; 1994) 참조. 다른 종들의 다른 예에 관해서는 Danchin & Cézilly(2005) 참조. 젖가슴은 암컷의 전유물인가? : 젖을 먹이는 수컷은 말레이시아에 서식하는 박쥐 단 한 종에게서만 관찰되었다(Francis *et al.*(1994) 참조). 새끼를 돌보는 포유류 수컷에 관한 내용은 Clutton-Brock(1991) 참조. '마녀의 젖'에 관해서는 Lyons(1937) 참조. 집단 수용소 생존자들과 젖이 나오는 남자에 관한 드문 예에 관해서는 Greenblatt(1972), Diamond(1997) 특히 3장 참조. 실험실의 동물들 : 예쁜꼬마선충*Caenorhabditis elegans*의 성별 간 다른 신경 체계에 관해서는 http://www.wormatlas.org/maleHandbook/GenIntro-MalePart Ⅱ.htm 참조. 세포들의 성별에 따른 특화에 관해서는 Meyer(1997) 참조. 성별에 따라 다른 세포의 특성에 관해서는 Jiang *et al.*(2002) 참조. 초파리가 성별에 따라 유전자가 다르게 발현된다는 내용에 관해서는 Parisi *et al.* (2003), Olivier & Parisi(2004)에서는 성별에 따라 다르게 발현되는 유전자는 전체의 50퍼센트에 육박한다고 평가한다. 쥐의 성적 이형sexual dimorphism에 관해서는 Dewsbury *et al.*(1980), Burgoyne *et al.*(1995) 참조. 성별에 따라 유전자가 다르게 발현한다는 내용에 관해서는 Yang *et al.*(2006) 참조. 다른 동물들에 관해서는 Cooke *et al.*(1998), Ellegren & Parsch(2007) 참조. 우리의 사촌, 원숭이 : 동물원에서 자란 서부저지대고릴라 암컷의 평균 몸무게는 71.5kg이며 수컷은 169.5kg(암컷의 2.4배)이다(Rowe(1996) 참조). 암컷은 가장 몸이 우람한 수컷을 선택하는데 그런 수컷이 포식자들로부터 암컷을 더 잘 보호해 주고 짝짓기를 더 많이 하며, 역시 우람한 아들을 낳게 해 줄 확률이 높기 때문이다. 아마도 고릴라들 사이에서 암컷의 선택은 제대로 평가받지 못하는 듯하다. 고릴라 사이에서 수컷들 사이의 경쟁과 암컷들의 선택은 거의 동시에 일어나는 것 같기도 하다(Sicotte(2001) 참조). 일부 신세계원숭이New World monkey들의 암수 사이에 색깔을 감지하는 원추세포에 차이가 있다는 내용에 관해서는 Jacobs(1995), Regan(2001), Surridge(2003) 참조. 이러한 차이에 따른 생태적 결과에 관해서는 Caine & Mundy(2000), Melin et al.(2000), Saito et al.(2005) 참조. 암수 사이에 존재하는 인지적 차이에 관해서는 Herman & Wallen(2007) 참조.

남녀는 신체 구조상 체급이 다르다

일부 챔피언들의 유전적 특징에 관해서는 Yang et al.(2003) 참조. 남녀 수영 선수들의 차이에 영향을 준 사회적 요인에 관해서는 Deaner(2007) 참조. 사회적 영향을 감안한, 육상 경기에 나타난 남녀의 생물학적 차이에 관해서는 Deaner(2006a; 2006b), Geary(2003) p. 251 참조. 던지기 종목에서 나타나는 남녀의 생물학적 차이에 관해서는 Thomas & French(1985), Geary(2003) pp. 252~253 참조. 남자아이들과 동물의 새끼 수컷들의 놀이에서 나타나는 공격성에 관해서는 Smith(1982) 참조. 호르몬의 영향에 관해서는 Hines et al.(2002), Geary(2003) pp. 268~269 참조.

남자는 말을 못 듣고 여자는 주차를 못 한다

남녀 뇌의 해부학적 차이에 관해서는 Gur et al.(1999), Davatzikos & Resnick(1998), Goldstein et al.(2001) 참조. 신경전달물질의 차이에 관해서는 Cahill(2006) 참조. 언어 사용에 관한 기능적 차이에 관해서는 Shaywitz et al.(1995) 참조. 이러한 결과에 대해서는 신중한 해석을 해야 한다는 반응이 있는데(Sommer et al.(2004)) 최근에는 한 연구만 제외하고(Kaiser et al. (2007) 여러 연구에서 차이가 있다는 사실이 확인되었다(Clements et al.(2006), Wirth et al.(2007), Chen et al.(2007)). 유전자 발현의 차이에 관해서는 Vawter et al.(2004), Dempster et al.(2006), Rinn & Snyder(2005) 참조. 성별에 따라 뇌에서 다르게 발현되는 유전자 수에 대한 전체적인 계량화 연구는 인간에게는 아직 시도되지 않는 듯하다. 성별에 따라 다른 수행 능력에 관해서는 Geary(2003) 참조. 언어 습득 pp.307~315, 얼굴 표정 pp.320~351, 심리 표현 pp.220~221, 위치 기억 p.339, 심상회전 테스트 pp.336~337, 물체의 빠르기와 궤적 pp.332~333, 마음 속 지도 pp.337 참조. 심리적 원인에 의한 질병 발생률의 차이에 관해서는 Holden(2005), Skuse(2000), Tallal(1991) 참조. 뇌의 차이에 대한 인용구는 Davies & Wilkinson(2006) 참조. 원문 "… there is now a body of evidence that men and women differ, consistently, across a range of neuropsychological domains." 유전자는 성별에 따라 다르게 발현된다 : 몇몇 인지 능력에 호르몬이 영향을 미친다는 내용에 관해서는 Geary(2003), 특히 언어의 유창성 pp.311~312, 심상회전 테스트 p.341 참조. 고통을 참는 능력이 사회적으로 조절된다는 내용에 관해서는 Melton(2002) 참조. 벌거숭이두더지쥐의 뇌의 외형이 무리 내 지위에 따라 달라진다는 내용에 관해서는 Holmes et al.(2007) 참조. 택시 기사의 해마의 외형적 변화에 관해서는 Maguire et al.(2000, 2006) 참조. 뇌의 외형적 변화에 관한 다른 예들에 관해서는 Elbert & Rockstroh(2004) 참조. 폭력이 뇌의 기능을 변화시킬 수 있다는 내용에 관해서는 Elbert et al.(2006) 참조. 남녀 신생아가 관심을 보이는 대상이 다르다는 내용에 관해서는 Connellan et al.(2000) 참조. 남아/트럭, 여아/인형이라는 성별 선호 대상을 바꾸기 위한 시도에 관해서는 Poste-Vinay(2007) p. 241 참조. 긴꼬리원숭이가 인간과 비슷한 선호 특성을 보인다는 내용에 관해서는 Alexander & Hines(2002) 참조. 여자아이들이 일반적으로 분홍색을 선호하는 것과 그에 대한 해석에 관해서는 Hulbert & Ling(2007) 참조. 3색형 색각은 '원색'이라고 불리는 세 가지 색깔을 인식함으로써 인류가 감지할 수 있는 모든 색깔을 볼 수 있는 것을 말한다. 이는 복사기reprography와 텔레비전 색 발현의 기본 원리이기도 하다. 2색형 색각인 남성들의 장점에 대해서는 Saito *et al.*(2006) 참조. 4색형 색각 여성들에 관한 내용은 Jameson *et al.*(2001), Neitz & Neitz(1998) 특히 p. 116 참조.

인간의 성별은 사회적 변수보다는 생물학적 상수가 결정한다

자폐증의 원인을 부모에게 돌린 것에 관한 인용문. "나는 아동 자폐증의 결정적인 원인이 아이가 존재하지 않기를 바라는 부모의 바람 때문이라고 확신한다."(Bettelheim, 1967, 《텅 빈 요새*La Forteresse vide*》). 현재는 자폐증의 원인은 선천적이며 부모의 행동과는 관련 없는 유전적 요인에 의한 것이라는 사실이 밝혀졌지만, 환경적인 요인 역시 존재한다. Bettlheim의 위선적인 주장에 대해서는 Pollack(2005) 참조. 자폐증의 유전적 측면에 관해서는 Yang & Gill(2007) 참조. 남녀 차이에 영향을 미치는 사회적 측면에 관해서는 Tabet(2004)과 이 책 3장을 참조. 원문 "Sex does matter. It matters in ways that we did not expect. Undoubtedly, it matters in ways that we have not yet begun to imagine." Cahill(2006) 참조.

5. 동성애자는 태어나는가, 만들어지는가

강사의 인용구 원문은 "People discover rather than choose their sexual interests"이다. 2002년에 있었던 이 특강의 주요 내용은 이듬해 논문으로 출간되었다(Quinsey, 2003). 프랑스 정치계에서는 동성애자로 태어나는 것인지 아닌지가 한동안 뜨거운 쟁점이 되었다. 사르코지 전 대통령을 인터뷰한 프랑스의 철학자 미셸 옹프레는 "우리가 인터뷰를 한 시점에서 사르코지는 동성애가 소아성애처럼 유전적인 것이라고 평가했다"라고 했다(《F.》(2007) 참조). 사르코지 전 대통령은 자신이 "이성애자로 태어났다"고 단언했다(《리베라시옹》, 2007년 4월 12일자). 이에 대한 반응 중 하나를 소개하자면 다음과 같다. "파드제로드콩뒤트Pasde0deconduite 집단은 예방을 위한 행동, 배려, 인간적이고 도덕적인 행동을 할 수 있는 가능성을 침해하는 행위들을 생물학 이론으로 뒷받침하려는 주장들에 격렬히 반대한다. 이러한 관점은 '스스로 선택한 존재가 되고자' 하는 인간의 자유를 빼앗는 것이다."(A. Jacquard) http://www.pasde0deconduite.org/spip.php?article61 참조.

동물들의 동성애

동물들의 동성애적 행동에 관해서는 Bagemihl(1999), Volker & Vasey (2006), Dixon(1998) 참조. 보노보에 관해서는 de Waal *et al.*(1997) 참조. 마운틴고릴라에 관해서는 Yamagiwa(2006), Robbins(1996) 참조. 가축화된 양들에게서 수컷끼리 동성애를 하는 것이 관찰되었다(Roselli *et al.*(2002)).

사회적으로 강요된 동성애적 행동들

파푸아뉴기니 부족의 동성애적 관습에 관해서는 Schiefenhövel(1990), Herdt(1984) 참조. 인도유럽어족 사회의 동성애에 관해서는 Sergent(1996) 특히 1장(교육적 동성애), p. 337과 p. 404(스파르타), p. 628(켈트족, 게르만족, 그리스족, 알바니아 족, 인도이란어족) 참조. 감옥에서 일어나는 동성애적 행동에 관해서는 Berman(2003), pp. 447~448 참조.

역사에 나타난 동성애 성향

유명 인물들의 동성애 성향에 관해서는 Norton(1997) 특히 p. 55(오스카 와일드), p. 38(레오나르도 다빈치와 미켈란젤로), p. 48(제논, 알렉산더 대왕, 베르길리우스, 플라톤), p. 101(중국 황제) 참조. 앙드레 지드에게 사생아 딸이 있었다는 내용에 관해서는 http://fr.wikipedia.org/wiki/Angré_Gide 참조. 18세기 프랑스와 영국의 '남색가'들에 관해서는 Bachaumont(1943) p. 163, p. 167, p. 247, p. 283, Trumbach(1989;1991) 참조. 루이 16세 형제의 동성애에 관해서는 http://fr.wikipedia.org/wiki/Philippe_de_France_(1640-1701) 참조. 무함마드 5세에 관해서는 Bouthoul(1991) p. 435 참조. 바기수족에 관해서는 La Fontaine(1959) p. 60 참조. 쿠나족에 관해서는 Tice(1995) p. 31, p. 59, pp. 73~74 참조. 현대 자포테크족의 'muxe(난잡)' 관습에 관해서는 Pêcheur(2008) 참조. 아르킬로코스에 관해서는 Sergent(1996) p. 341 참조. 그밖의 다른 예들에 관해서는 Veyne(1981), Murray(2000) 참조.

생물학적 결정요인

동성애를 치료하려는 시도에 관해서는 Le Vay(1996) pp. 110~114, Berman(2003) p. 111, Diamond(1996), http://news.bbc.co.uk/1/hi/maga-zine/3258041.stm. 형의 영향에 관해서는 Blanchard(2004), Blanchard & Bo-gaert(1996a;1996b), Bogaert(2006) 참조. 면역계와 관련한 주장에 관해서는 Blanchard & Klassen(1997). 형의 수와 관련한 영향에 관해서는 Cantor *et al.*(2002) 참조. 쌍둥이 연구에 관해서는 Whitam *et al.*(1993), Bailey & Pillard(1991), Bailey *et al.*(1999), Kendler *et al.*(2000), Diamond & Skyler (2004), Van Beijsterveldt *et al.*(2006) 참조. 따로 성장한 쌍둥이에 관해서는 Eckert *et al.*(1986) 참조. 앞의 연구는 조사 대상의 수가 적어 예상한 대로 결과가 나왔다. Whitam *et al.*(1993)에 따르면, 쌍둥이의 경우 약 65.8 퍼센트가 성적 성향이 일치하고 이란성 쌍둥이의 경우 약 30.4퍼센트가 일치한다고 한다. 가족을 대상으로 한 다른 연구로는 Pillard & Wein-rich(1986), Dawood *et al.*(2000) 참조. 성별에 따라 긍정적 혹은 부정적 영향을 미치는 유전자에 관해서는 Chippindale *et al.*(2001)의 유명한 초파리 연구가 있다. 남성 동성애를 설명하는 길항 작용을 하는 유전자 가설에 관해서는 Judson(2004) pp. 173~183 참조. 실험 데이터는 Campeiro-Ciani *et al.*(2004), 이론 연구에 관해서는 Gavrilets *et al.*(2006) 참조. X 염색체의 유전자 발현에 작용하는 추가적인 생물학적 요인에 관해서는 Bocklandt *et al.*(2006) 참조. 태아기의 환경적 요인에 관해서는 Dörner et al.(1983) 참조. 가족 내에서 이루어지는 간접 선택(친척 선택)에 관해서는 Bobrow & Bailey(2001), Rahman & Hull(2005), Vasey *et al.*(2007) 참조. 여성과 남성 동성애의 차이점은 Berman(2003) 특히 4장 참조. *"Twenty-three differences between male homosexuals and lesbians"* pp. 44~56.

과학의 관점에서 바라본 동성애

1910년에 발표된 동성애에 대한 프로이트의 입장은 다음과 같다. "모든 남성 동성애자는 훗날 개인에 따라 망각하기도 했지만 초기 아동기에 여성, 보통은 어머니와 아주 강한 성적 관계를 맺었다. 이러한 성적 관계는 어머니 자신의 지나친 애정으로 촉발되거나 조장되며, 아동의 삶에서 아버지의 존재가 박탈됨으로써 견고해진다." Meyer(2005) p. 784 참조. 남성 동성애가 선택이 아니라는 내용에 관해서는 Quinsey(2003) 참조. 청소년기에 성적 성향을 선택할 수 있지 않았느냐는 질문에 한 성인 남성 동성애자는 대답했다. "그 나이에 동성애자가 되기로 '선택'을 한다면 아주 자학적인 사람일 것이다. 자신의 동성애 성향을 발견하고 나면 대개 한동안 고통스러운 시기(사회적 압박, 교육 등과 관련)를 겪기 때문에 동성애자 젊은이들의 자살률이 이성애자 젊은이들보다 훨씬 높다(연구에 따라 차이가 있다). 따라서 '개인적인 선택'이라는 것은 단순한 논쟁거리가 아니다. 선택은 나중에, 자신이 사회적 압박을 견딜 수 있을 것인지 없을 것인지 판단을 할 수 있을 때 일어난다."(Simon Popy와의 개인적 커뮤니케이션) 동성애자 청소년들의 자살률이 높다는 내용에 관해서는 Berman(2003) pp. 435~436, Remafedi(1999) 참조. 냄새를 맡는 유전적 능력이 개인별로 다르다는 내용에 관해서는 Keller *et al.*(2007) 참조. 동성애의 진화에 관해서는 Dickermaan(1993), Kirkpatrick(2000), Peters(2007) 참조. 동성애 혐오에 관해서는 Adrians & De Block(2007) 참조.

6. 아들은 아빠를 닮았을까

앙드레 지드의 인용문은 《지상의 양식*Nourritures terrestres*》(p.74, 1947년 갈리마르 판)에 나온다. 홀데인의 원문은 이렇다. "Would I lay down my life to save my brother? No, but I would to save two brothers or eight cousins" http://en.wikiquote.org/wiki/J._B._S._Haldane 참조. 가족의 정의에 관해서는 Emlen(1995) 참조. Trivers(1972)에 따르면 엄밀한 관점에서 부모투자는 "자녀의 생존과 번식 성공 확률을 높이기 위해, 다른 자녀들에게 투자할 능력을 희생시켜 한 자녀에게 부모가 해 주는 모든 것"으로 정의할 수 있다. 인간의 일반적인 부모투자에 관해서는 Geary(2005) 참조. 부모자녀 간 갈등의 원칙은 Trivers(1974), Geary & Flinn(2001) 참조.

할머니와 폐경

옛날에는 50세가 넘은 사람들이 드물었다는 생각은 예전 자료들이 고대 무덤에서 출토된 골격의 연령을 낮게 평가했기 때문에 생겨났다. 이제는 이러한 과소평가의 원인이 되었던 방법적 오류가 잘 알려져 있다(Bocquet-Appel(1982) 참조). 본문에서 언급한 묘실은 170구가 묻혀 있었으며 마른 지역의 루아지 엉 브리Loisy-en-Brie에 있다. 연령 측정은 두 가지 다른 방법으로 실시되었다(Bocquet-Appel(1997) 참조). 24개 전통 부족 사회에 대한 인구 연구에 따르면, 15세의 여성들 중 반수 이상(53퍼센트)의 수명이 45세 이상이었다(Lancaster & King(1992)). 부시먼족과 아쉐족, 야노마미족의 인구 조사에 관해서는 Hill & Hurtado(2001) 참조. 동물들의 폐경 : 영장류의 폐경에 대해서는 Walker(1995), Takahata *et al.*(1995), Sherman(1998),

220 　　　　　우리는 왜 먹고, 사랑하고, 가족을 이루는가?

Fedigan & Pavelka(2007), Thompson et al.(2007) 참조. 고래의 폐경에 관해서는 McAuliffe & Whitehead(1995). 범고래 암컷이 마지막으로 번식하는 연령과 수명에 관해서는 http://en.wikipedia.org/wiki/Orca 참조. 가족 내 할머니의 역할 : 캐나다의 퀘벡과 핀란드에서 할머니의 역할에 관해서는 Lahdenperä et al.(2004), 폴란드의 경우는 Tymicki(2004) 참조. 전통 부족 사회의 경우는 Gibson & Mace(2005) 참조. 폐경을 설명하기 위한 할머니의 역할 가설을 최초로 내놓은 이는 Williams(1957)다. 모델화에 관해서는 Shanley & Kirkwood(2001) 참조. 할아버지의 역할에 관해서는 Lahdenperä et al.(2007) 참조.

부모투자를 둘러싼 갈등

부모투자를 둘러싼 일반적인 갈등에 관해서는 Salmon(2005) 참조. 부계불확실성 : 아이가 부모 혹은 가족과 닮은 정도와 외부인들이 평가하는 닮은 정도에 관해서는 Daly & Wilson(1982), Regalski & Gaulin(1993), McLain et al.(2000), Alvergne et al.(2007) 참조. 자신의 아이가 아니라고 의심해서 부친이 아이를 죽이거나 학대하는 내용에 관해서는 Daly & Wilson(1984), Burch & Gallup(2000) 참조. 부성투자와 부계확실성의 관계, 이문화간 연구에 관해서는 Geary(2006), Gaulin & Schlegel(1980) 참조. 동물들의 경우에 관해서는 Wright(1998), Sheldon & Ellegren(1998) 참조. 부모를 상대로 아이가 자신을 닮았는지 알아보는 실험에 관해서는 Platek et al.(2004; 2005), Platek & Thomson(2006) 참조. 사생아의 빈도에 대한 평가는 Cerda-Flores et al.(1999), Sasse et al.(1994), Bellis et al.(2005), Anderson(2006) 참조. 조부모의 행동과 부계불확실성에 관해서는 Euler &

Weitzel(1996), Buss(1999) pp. 236~240, Laham *et al.*(2005), Chrastil *et al.*(2006), Pollet *et al.*(2006) 참조. 삼촌과 고모(이모)들에 관해서는 Gaulin *et al.*(1997) 참조. 형제자매간의 경쟁 : Sulloway(1996)의 책에서 출생순서에 관한 모든 연구를 잘 요약해 놓았다. 특히 성격과 출생순서에 관해서는 pp. XIV~XV 참조. 새로운 생각에 대한 반응에 관해서는 pp. 36~48 참조. 왕을 참수하는 투표에 관해서는 pp. 321~325 참조. 나이의 영향에 관해서는 pp. 32~36 참조. Sulloway(1995; 2001)도 참조. 맏이들끼리 성격이 비슷하다는 내용에 관해서는 Dunn & Plomin(1991), Plomin & Daniels(1987) 참조. 이혼과 계부, 계모 : 이혼율에 대한 평가는 1999년 조사에 근거하고 있다(Barre(2005) 참조). 이혼의 영향에 관한 연구에는 부모의 연령이나 사회경제적 수준 등 수많은 변수가 감안된다. Kim & Smith(1998; 1999), Quinlan(2003), Matchock & Susman(2006), Alvergne *et al.*(2009) 참조. 서구 사회에서 계부모의 위험에 관해서는 Daly & Wilson(1988; 2002) 참조. 전통 사회의 경우는 Buss(1999) p. 204 참조. 동물들 사이에서 일어나는 유아살해에 관해서는 Hrdy(1979), Hausfater & Hrdy(1984), Van Schaik & Janson(2000) 참조. 부모투자의 직접적인 방법들에 관해서는 Anderson *et al.*(1999a; 1999b) 참조. 학업 성적에 미치는 결과에 관해서는 Zvoch(1999), Case *et al.*(2001), Alvergne *et al.*(2004) 참조. 자녀들이 독립하는 연령에 관해서는 Villeuneuve-Gokalp(2005) 참조. 성적인 영향에 관해서는 Quinlan(2003), Alvergne *et al.*(2009) 참조. 계부 때문에 모성투자가 줄어든다는 내용에 관해서는 Flinn *et al.*(1999) 참조. 계부에 비해서 계모의 이미지가 나쁜 것에 대한 문화적인 설명은 Daly & Wilson(2002) p. 66 참조.

사회적으로 만들어진 가족 갈등

오이디푸스 콤플렉스 : 아이들의 선호도에 대해서는 Goldman & Goldman(1982) 참조. 다양한 연령의 여자아이들과 남자아이들이 선호하는 부모에 관해서는 pp.159~162 참조. 인용문 원문 "…*there is no evidence to support the Oedipal family situation as a normal process in family life or child development*" p.391 참조. 프로이트가 주장한 잠재기(아동기를 지나 청소년기까지 성욕이 두드러지게 감소하는 시기)를 이 저자들이 비판한 내용도 있다. 원문 "*The evidence against a latency period in children's sexuality is so strong as to merit the description of the 'myth of latency'*" p.391. 엘리아데의 인용구는 Eliade(1973) pp.350~351 참조. 침팬지 어미와 아들, 형제자매 사이에 짝짓기를 하지 않거나, 하더라도 극히 드문 것에 관해서는 Dixson(1998) pp.88~90 참조. 부모와 자식 간 갈등에 관한 다윈주의와 프로이트주의의 일반적인 분석과 오이디푸스 콤플렉스에 대한 평가는 Daly & Wilson(1990) 참조. 프로이트주의와 정신분석에 대한 비판은 수십 명의 저자가 참여한 Meyer(2005) 참조. Van den Berghe(1987)에는 이렇게 나와 있다. "나는 정신분석학이 20세기에 가장 성공한 지적인 컬트라고 생각한다. (……) 내가 《토템과 터부》(오이디푸스 콤플렉스를 설명한 프로이트의 저서)를 우화라고 생각하는 이유는 정신분석학의 구조 전체가 그렇듯, 이 책이 증명되지 않고 반박되지 않는 사건들을 근거로 하며 완전히 억지스럽고 비경제적으로 쓰여졌기 때문이다." Sulloway(1991)에 나오는 프로이트주의에 대한 구체적인 분석도 참조. 이성 부모의 나이가 자녀의 배우자 선택에 미치는 영향에 관해서는 Perrett *et al.*(2002), Bereczkei *et al.*(2002) 참조. 눈과 머리 색깔의 영향에 관해서는 Litte *et al.*(2003) 참조. 인종의 영향에 관해서는 *Jedlicka*(1980) 참조. 오스트레일리아 조류(금화조*Taeniopygia gut-tata*)에 관해서는 Vos(1995) 참조. 양과 염소에 관해서는 Kendrick *et al.*(1998) 조류가 짝을 선택할 때 시각적 영향을 받는 현상에 관해서는 Bateson(1980), Horn(1986) 참조. 아동기가 성인이 된 후의 사회적 행동에 영향을 미친다는 연구가 신경생리학적 수준에서 시작되었다(Wismer Fries *et al.*(2005) 참조). 언어와 문화의 형태에 따라 인지적으로 차이가 난다는 내용은 Cantlon & Brannon(2007) 참조. 청소년기의 반항 : 루이 조제프 드 몽캄의 전기에 관해서는 http://fr.wikipedia.org/wiki/Louis-Joseph_de_Montcalm 참조. 틸리, 카사노바, 장리 백작부인에 관한 내용은 각각 Tilly(1986) pp. 68~69, 74 참조. Casanova(1962) 5부 12권 p. 279. Mme de Genlis(2004) pp. 77~83 참조. 아동 노동 시간 단축의 역사와 의무 교육의 발전 과정, 그리고 인용구는 Lorrain(2003) 참조. Weis-feld(1999) 특히 pp. 77~108 참조. 청소년들의 텔레비전 시청 시간에 관해서는 Deheeger *et al.*(2002) 참조. 미국과 캐나다에서는 텔레비전 때문에 사회 생활과 시민 참여도 현저히 줄어들었다(Putman(1996) 참조). 청소년기의 반항에 대처하는 부모의 역할에 관해서는 Weisfeld(1999), 특히 pp. 287~288 참조. 성인들의 사회생활 네트워크가 갖는 역할에 관해서는 Bronfenbrenner *et al.*(1984) 참조. 전통 부족 사회의 경우에 관해서는 173개 부족을 연구한 Schlegel(1995) 참조. 원문 *"The cross-cultural data do not indicate much sustained conflicts between adolescents and older family members or other adults."*

우리는 왜 먹고, 사랑하고, 가족을 이루는가?

사회 변화를 이끄는 가족 구조

이 부분은 Todd(1999)에 바탕을 두고 있다.

가족의 진화

전통 부족 사회에서 사회적 경쟁에 가족 환경이 중요하다는 내용에 관해서는 Chagnon(1979), Changnon & Bugos(1979) 참조.

· 참고문헌 ·

Adrians, P. & De Block, A., 2007. "L'homosexualité est-elle une adaptation?", *Eos Sciences,* 5, pp. 24-29.

Agarwal, D. P. & Goedde, H.W., 1986. "Ethanol oxidation : ethnic variations in metabolism and response", in *Ethnic Differences in Reactions to Drugs and Xenobiotics* (Kalow, W. Goedde, H. W. & Agarwal, D. P., dir.), New York, Alan R. Liss, pp. 99-111.

Alexander, G. M. & Hines, M., 2002. "Sex differences in response to children's toys in nonhuman primates *(Cercopithecus aethiops sabaeus)*", *Evolution and Human Behavior,* 23, pp. 467-479.

Alexander, G. M., 2003. "An evolutionary perspective of sex-typed toy preferences: pink, blue, and the brain", *Archives of Sexual Behavior,* 32, pp. 7-14.

Allen, J. S. & Cheer, S. M., 1996. "The non-thrifty genotype", *Current Anthropology,* 37, pp. 831-842.

Alvergne, A., Faurie, C. & Raymond, M., 2007. "Differential facial resemblance of young children to their parents: who do children look like more?", *Evolution and Human Behavior,* 28, pp. 135-144.

Alvergne, A., Faurie, C. & Raymond, M., 2009. "Developmental plasticity of human reproductive development: effects of early family environment in modern- day France." Article soumis.

Alvergne, A. 2004. *L'Investissement parental chez l'homme,* diplôme d'études supérieures universitaires, Toulouse, université Paul-Sabatier, p. 36.

Ambroise-Thomas, P., Schweitzer, M. & Pinon, J.-M., 2001. "La prévention de la toxoplasmose congénitale en France. Évaluation des risques. Résultats et perspectives du dépistage anténatal et du suivi du nouveau-né", *Bulletin de l'Académie nationale de médecine,* 185, pp. 665-688.

Anderson, K. G., 2006. "How well does paternity confidence match actual paternity? Evidence from worldwide nonpaternity rates", *Current Anthropology,* 47, pp. 513-520.

Anderson, K. G., Kaplan, H. & Lancaster, J. 1999a. "Paternal care by genetic fathers and stepfathers. I: Reports from Albuquerque men", *Evolution and Human Behavior,* 20, pp. 405-431.

Anderson, K. G., Kaplan, H., Lam, D. & Lancaster, J., 1999b. "Paternal care by genetic fathers and stepfathers. II : Reports by Xhosa high school students", *Evolution and Human Behavior,* 20, pp. 433-451.

Anonyme, 1982. *Traduction œcuménique de la Bible,* Paris, Éditions du Cerf, p. 1863, seconde édition.

우리는 왜 먹고, 사랑하고, 가족을 이루는가?

Anonyme, 2004. "Conflit de canard : oméga rend gaga", *Le Canard enchaîné*, 4353, p. 5.

Anonyme, 2006. "L'aura du boudin", *Le Canard enchaîné*, 4455, p. 5.

Ascherio, A., Hennekens, C. H., Buring, J. E., Master, C., Stampfer, M. J. & Willett, W. C., 1994. "Trans-fatty acids intake and risk of myocardial infarction", *Circulation*, 89, pp. 94-101.

Augustins, G., 1989. *Comment se perpétuer? Devenir des lignées et destins des patrimoines dans les paysanneries euro- péennes*, Société d'ethnologie, Nanterre, p. 434.

Bachaumont, de, L. P., 1943. *Mémoires secrets pour servir à l'histoire des lettres en France*, Paris, G. Briffaut, p. 369.

Bagemihl, B., 1999. *Biological Exuberance. Animal homosexuality and natural diversity*, New York, Saint Martin's Press, p. 751.

Bailey, J. M. & Pillard, R. C., 1991. "A genetic study of male sexual orientation", *Archives of General Psychiatry*, 48, pp. 1089-1096.

Bailey, J. M., Pillard, R. C., Dawood, K., Miller, M. B., Farrer, L. A., Trivedi, S. & Murphy, R. L. 1999. "A family history of male sexual orientation using three independent samples", *Behavior Genetics*, 29, pp. 79-86.

Baker, R. R. & Bellis, M. A. 1994. *Human Sperm Competition. Copulation, masturbation and infidelity*, London, Chapman & Hall, p. 354.

Ball, T. M., Castro-Rodriguez, J. A., Griffith, K. A., Holberg, C. J., Martinez, F. D. & Wright, A. L., 2000. "Siblings, day-care attendance, and the risk of asthma and wheezing during childhood", *New England Journal of Medicine*, 343, pp. 538-543.

Barre, C., 2005. "1,6 million d'enfants vivent dans une famille recomposée, in *Histoires de familles, histoires familiales. Les résultats de l'enquête Famille de 1999* (Lefèvre, C. & Filhon, A., dir.), INED, Paris, pp. 273-281.

Barry, D. M. J. & Reeve, A. W., 1977. "Increased incidence of gram-negative neonatal sepsis with intramuscular iron administration", *Pediatrics*, 60, pp. 908- 912.

Basdevant, A. & Charles, M.-A., 2006. *Obépi Roche 2006. Enquête épidémiologique nationale sur le surpoids et l'obésité*, Neuilly-sur-Seine, Roche, p. 52.

Bateson, P., 1980. "Optimal outbreeding and the development of sexual preferences in japanese quail", *Zeitschrift fur Tierpsychologie*, 53, pp. 231-244.

Beaudry, M., Chiasson, S. & Lauzière, J., 2006. *Biologie de l'allaitement*, Presses de l'université du Québec, 581 p. Beauvoir, de, S., 1949. *Le Deuxième Sexe. Vol. I Les faits et les mythes*, Paris, Gallimard, p. 409.

Beja-Pereira, A., Luikart, G., England, P. R., Bradley, D. G., Jann, O. C., Bertorelle, G., Chamberlain, A. T., Nunes, T. P., Metodiev, S., Ferrand, N. & Erhardt, G., 2003. "Gene-culture coevolution between cattle milk protein genes and human lactase genes", *Nature Genetics*, 35, pp. 311-313.

Bell, G., 1978. "The evolution of anisogamy", *Journal of Theoretical Biology*, 73, pp. 247-270.

Bell, R. R., Draper, H. H. & Bergan, J. G., 1973. "Sucrose, lactose and glucose tolerance in Northern Alaskan Eskimos", *American Journal of Clinical Nutrition*, 26, pp. 1185-1190.

Bellis, M. A., Hughes, K., Hughes, S. & Ashton, J. R., 2005. "Measuring paternal discrepancy and its public health consequences", *Journal of Epidemiology and Community Health*, 59, pp. 749-754.

Bereczkei, T. & Dunbar, R. I. M., 1997. "Female- biased reproductive strategies in a Hungarian gypsy population", *Proceedings of the Royal Society of London*, B 364, pp. 17-22.

Bereczkei, T., Gyuris, P., Koves, P. & Bernath, L., 2002. "Homogamy, genetic similarity, and imprinting ; parental influence on mate choice preferences", *Personal and Individual Differences*, 33, pp. 677-690.

Berman, L. A., 2003. *The Puzzle. Exploring the evolutionary puzzle of male homosexuality*, Wilmette, Illinois, Godot Press, p. 583.

Betzig, L., 1982. "Despotism and differential reproduction : a cross-cultural correlation of conflict asymmetry, hierarchy, and degree of polygyny", *Ethology and Sociobiology*, 3, pp. 209-221.

Betzig, L., 1986. *Despotism and Differential Reproduction. A darwinian view of history*, New York, Aldine, p. 171.

Betzig, L., 1992a. "Roman polygyny", *Ethology and Sociobiology*, 13, pp. 309-349.

Betzig, L., 1992b. "Roman monogamy", *Ethology and Sociobiology*, 13, pp. 351-383.

Betzig, L., 1993. "Sex, succession, and stratification in the first six civilizations", in *Social Stratification and Socioeconomic Inequality* (Ellis, L., dir.), London, Praeger, pp. 37-74.

Betzig, L., 1995. "Medieval monogamy", *Journal of Family History*, 20, pp. 181-216.

Birkhead, T. R. & Møller, A. P., 1998. *Sperm Competition and Sexual Selection*, San Diego, Academic Press, p. 826.

Bjelakovic, G., Nikolova, D., Gluud, L. L., Simonetti, R. G. & Gluud, C., 2007. "Mortality in randomized trials of antioxidant supplements for primary and secondary prevention. Systematic review and meta-analysis", *Journal of the American Medical Association*, 297, pp. 842-857.

Blanchard, R. & Bogaert, A.F., 1996a. "Homosexuality in men and number of older brothers", *American Journal of Psychiatry*, 153, pp. 27-31.

Blanchard, R. & Bogaert, A.F., 1996b. "Biodemographic comparisons of homosexual and heterosexual men in the Kinsey interview data", *Archives of Sexual Behavior*, 25, pp. 551-579.

Blanchard, R. & Klassen, P., 1997. "H-Y antigen and homosexuality in men", *Journal of Theoretical Biology*, 185, pp. 373-378.

Blanchard, R., 2004. "Quantitative and theoretical analyses of the relation between older brothers and homosexuality in men", *Journal of Theoretical Biology*, 230, pp. 173-187.

Blanchard, S. & Girard, L, 2004. "Lutte contre l'obésité: le Sénat cède aux lobbies", *Le Monde*, 18492, pp. 1-5.

Bobrow, D. & Bailey, J. M., 2001. "Is male homosexuality maintained via kin selection?", *Evolution and Human Behavior*, 22, pp. 361-368.

Bocklandt, S., Horvath, S., Vilain, E. & Hamer, D.H., 2006. "Extreme skewing of X chromosome inactivation in mothers of homosexual men", *Human Genetics*, 118, pp. 691-694

Bocquet-Appel, J.-P. & Bacro, J. N., 1997. "Estimates of some demographic parameters in a neolithic rock-cut chamber (approximately 2000 BC) using iterative techniques for aging and demographic estimators", *American Journal of Physical Anthropology*, 102, pp. 569-575.

Bocquet-Appel, J.-P. & Masset, C., 1982. "Farewell to paleodemography", *Journal of Human Evolution*, 11, pp. 321-333.

Boesch, C., 2007. "What makes us human (Homo sapiens)? The challenge of cognitive cross-species comparison", *Journal of Comparative Psychology*, 121, pp. 227-240.

Bogaert, A. F., 2006. "Biological versus nonbiological older brothers and men's sexual orientation", *Proceedings of the National Academy of Sciences, USA*, 103, pp. 10771-10774.

Boorstein, S. M. & Ewald, P. W., 1987. "Costs and benefits of behavioral fever in *Melanopus sanguinipes infected by Nosema acridophagus*", *Physiological Zoology*, 60, pp. 586- 595.

Borgerhoff Mulder, M., 1990. "Kipsigis women's preference for wealthy men: evidence for female choice in mammals?", *Behavioral Ecology and Sociobiology*, 27, pp. 255-264.

Bottéro, J., 1995. "Système et décryptement de l'écriture cunéiforme", in *Écritures archaïques, systèmes et dechiffrement* (Yau, S.-C., dir.), Paris, Langages croisés, pp. 7-36.

Boudan, C., 2004. *Géopolitique du gout*, Paris, Presses universitaires de France, p. 451.

Bouker, K. B. & Hilakivi-Clarke, L., 2000. "Genistein: does it prevent or promote breast cancer?", *Environmental Health Perspective*, 108, pp. 701-708.

Bourdieu, P., 1972. "Les stratégies matrimoniales dans le systéme de reproduction", *Annales ESC*, juillet-octobre, pp. 1105-1125.

Bouthoul, G., 1991. *Traité de polémologie, sociologie des guerres*, Paris, Payot, p. 530.

Bouvier-Colle, M. H., Péquignot, F. & Jougla, E., 2001. "Mise au point sur la mortalité maternelle en France: fréquence, tendances et causes", *Journal de gynécologie obstétrique et biologie de la reproduction*, 30, pp. 768-775.

Bovet, P. & Paccaud, F., 2001, "Race and responsiveness to drugs for heart failure", *New England Journal of Medicine*, 345, p. 766.

Brand-Miller, J. & Colagiuri, S., 1999. "Evolutionary aspects of diet and insulin resistance", in *Evolutionary Aspects of Nutrition and Health* (Simopoulos, A.P., dir.), Bâle, Karger, pp. 74-105.

Braun-Fahrländer, C. H., Gassner, M., Grize, L., Neu, U, Sennhauser, F. H., Varonier, H. S., Vuille, J. C., Wüthrich, B. & Team, S., 1999. "Prevalence of hay fever and allergic sensitization in farmer's children and their peers living in the same rural community", *Clinical and Experimental Allergy*, 29, pp. 28-34.

Bronfenbrenner, U., Moen, P. & Garbarino, J., 1984. "Child, family, and community", in *Review of Child Development Research*, vol. 7, *The Family* (Parke, R. D., dir.), Chicago, University of Chicago Press, pp. 283-328.

Brothwell, D. & Brothwell, P., 1998. *Food in Antiquity. A survey of the diet of early peoples*, Baltimore, Johns Hopkins University Press, p. 283.

Burch, R. L. & Gallup Jr, G. G., 2000. "Perceptions of paternal resemblance predict family violence", *Evolution and Human Behavior*, 21, pp. 429-435.

Burgoyne, P. S., Thornhill, A. R., Kalmus Boudrean, S., Darling, S. M., Bishop, C. E., Evans, E. P., Capel, B. & Mittwoch, U., 1995. "The genetic basis of XX-XY differences present before gonadal sex differentiation in the mouse", *Philosophical Transactions of the Royal Society of London*, B 350, pp. 253-260.

Buss, D. M., 1999. *Evolutionary Psychology. The new science of the mind*, Boston, Allyn and Bacon, p. 456. | 데이비드 버스, 《진화심리학》, 웅진지식하우스(2012)

Cabannes, A., Lucchese, F., Hernandez, J. C., Pelse, H., Biesel, N., Eymonnot, M., Appriou, M. & Tribouley- Duret, J., 1997. "Enquête seroépidemiologique sur *Toxoplasma gondii* chez les ovins, bovins et félins dans le département de la Gironde", *Bulletin de la Société française de parasitologie*, 15, pp. 11-22.

Cahill, L., 2006. "Why sex matters for neuroscience", *Nature Reviews Neuroscience*, 7, pp. 477-484.

Caine, N. G. & Mundy, N. I., 2000. "Demonstration of a foraging advantage for trichromatic marmosets *(Callithrix geoffroyi)* dependent on food colour", *Proceedings of the Royal Society of London*, B 267, pp. 439-444.

Campagna, C., Lewis, M. & Baldi, R., 1993. "Breeding biology of southern elephant seals in Patagonia", *Marine Mammal Science*, 9, pp. 34-47.

Campeiro-Ciani, A., Corna, F. & Capiluppi, C., 2004. "Evidence for maternally inherited factors favouring male homosexuality and promoting female fecundity", *Proceedings of the Royal Society of London*, B 271, pp. 2217-2221.

Camporota, L., Corkhill, A., Long, H., Lordan, J., Stanciu, L., Tuckwell, N., Cross, A., Stanford, J. L., Rook, G. A. W., Holgate, S. T. & Djukanovic, R., 2003. "The effects of *Mycobacterium vaccae* on allergen-induced airway responses in atopic asthma", *European Respiratory Journal*, 21, pp. 287-293.

Cantlon, J. F. & Brannon, E. M., 2007. "Adding up the effects of cultural experience on the brain", *Trends in Cognitive Sciences*, 11, pp. 1-4.

Cantor, J. M., Blanchard, R., Paterson, A. D. & Bogaert, A. F., 2002. "How many gay men owe their sexual orientation to fraternal birth order?", *Archives of Sexual Behavior*, 31, pp. 63-71.

Casanova, J., 1962. *Histoire de ma vie*, Wiesbaden, Brockhaus, 6 tomes. | 자코모 카사노바, 《카사노바 나의 편력》(1, 2, 3), 한길사(2006)

Case, A., Lin, I. F. & McLanahan, S., 2001. "Educational attainment of siblings in stepfamilies", *Evolution and Human Behavior*, 22, pp. 269-289.

Caylus, Mme de, 1986. *Souvenirs*, Paris, Mercure de France, p. 219.

Céline, L.-F., 1952. *Semmelweis*, Paris, Gallimard, p. 132.

Cerda-Flores, R. M., Barton, S. A., Marty-Gonzalez, L. F., Rivas, F. & Chakraborty, R., 1999. "Estimation of nonpaternity in the Mexican population of Nuevo León: a validation study with blood group markers", *American Journal of Physical Anthropology*, 109, pp. 281-293.

Cézilly, F. & Danchin, E., 2005. "Régimes d'appariement et soins parentaux", in *Écologie comportementale* (Danchin, E., Giraldeau, L. A. & Cézilly, F., dir.), Paris, Dunod, pp. 299-330.

Chagnon, N. A. & Bugos Jr, P. E., 1979. "Kin selection and conflict: an analysis of a Yanomamö ax fight", in *Evolutionary Biology and Human Social Behavior: an anthropological perspective* (Chagnon, N. A. & Irons, W., dir.), Belmont, CA, Duxbury Press, pp. 213-238.

Chagnon, N. A., 1979. "Mate competition, favoring close kin, and village fissioning among the Yanomamö Indians", in *Evolutionary Biology and Human Social Behavior : an anthropological perspective* (Chagnon N. A. & Irons, W., dir.), Belmont, CA, Duxbury Press, pp. 86-132.

Chagnon, N. A., 1988. "Life histories, blood revenge, and warfare in a tribal population", *Science*, 239, pp. 985-992.

Chagnon, N. A., 1997. *Yanomamö*, New York, Harcourt Brace, p. 280.

Chapman, T., Liddles, L. F., Kalb, J. M., Wolfner, M. F. & Partridge, L., 1995. "Cost of mating in *Drosophila melanogaster* females is mediated by male accessory gland products", *Nature*, 373, pp. 241-244.

Charpin, D., 2005. "Les cofacteurs non spécifiques: pollution, tabac, mode de vie", in *Histoire naturelle de l'allergie respiratoire* (Vervloet, D., dir.), Paris, Éditions medicales, pp. 43-50.

Charpin, D., Annesi-Maesano, I., Godard, P., Kopfer- schmitt-Kubler, M.-C., Oryszczyn, M.-P., Daures, J.-P., Quoix, E., Raherison, C., Taytard, A. & Vervloet, D., 1999. "Prévalence des maladies allergiques de l'enfant : l'enquête Isaac-France, phase 1", *Bulletin épidémiologique hebdomadaire*, 13, pp. 49-51(en ligne sur http://www.invs.sante.fr/beh/1999/9913/beh_13_1999.pdf).

Chaussinand-Nogaret, G., 1998. *Choiseul (1719-1785). Naissance de la gauche*, Paris, Perrin, p. 363.

Check, E., 2006. "Human evolution : How Africa learned to love the cow", *Nature*, 444, pp. 994-996.

Chen, C. S., Xue, G., Dong, Q., Jin, Z., Li, T., Xue, F., Zhao, L. B. & Guo, Y., 2007. "Sex determines the neurofunctional predictors of visual word learning", *Neuropsychologia*, 45, pp. 741-747.

Chen, J. D., 1999. "Evolutionary aspects of exercise", in *Evolutionary Aspects of Nutrition and Health* (Simopoulos, A. P., dir.), Bâle, Karger, pp. 107-117.

Chippindale, A. K., Gibson, J. R. & Rice, W. R., 2001. "Negative genetic correlation for adult fitness between sexes reveals ontogenetic conflict in *Drosophila*", *Proceedings of the National Acad-*

emy of Sciences, USA, 98, pp. 1671-1675.

Choiseul, duc de, 1982. *Mémoires*, Paris, Mercure de France, p. 334.

Chrastil, E. R., Getz, W. M., Euler, H. A. & Starks, P. T., 2006. "Paternity uncertainty overrides sex chromosome selection for preferential grandparenting", *Evolution and Human Behavior*, 27, pp. 206-223.

Cioran, E. M., 1987. *Aveux et Anathèmes*, Paris, Gallimard, p. 146.

Clements, A. M., Rimrodt, S. L., Abel, J. R., Blankner, J. G., Mostofsky, S. H., Pekar, J. J., Denckla, M. B. & Cutting, L. E., 2006. "Sex differences in cerebral laterality of language and visuospatial processing", *Brain and Language*, 98, pp. 150-158.

Clements, A. N., 1999. *The Biology of Mosquitoes: development, nutrition and reproduction*, vol. 1, Cambridge, MA, CABI Publishing, p. 536.

Clutton-Brock, T. H., 1991. *The Evolution of Parental Care*, Princeton, Princeton University Press, p. 352.

Cœuret-Pellicier, M., Bouvier-Colle, M. H., Salanave, B. & Moms Group, 1999. "Les causes ob- stetricales de décès expliquent-elles les différences de mortalité maternelle entre la France et l'Europe?", *Obstétrique et Biologie de la reproduction*, 28, pp. 62-68.

Connellan, J., Baron-Cohen, S., Wheelwright, S., Batki, A. & Ahluwalia, J., 2000. "Sex differences in human neonatal social perception", *Infant Behavior and Development*, 23, pp. 113-118.

Cooke, B., Hegstrom, C. D., Villeneuve, L. S. & Breed- love, S. M., 1998. "Sexual differentiation of the vertebrate brain: principles and mechanisms", *Frontiers in Neuroendocrinology*, 19, pp. 323-362.

Cordain, L., 1999. "Cereal grains: humanity's double- edged sword. Diet, exercise, genetics, and chronic disease", in *Evolutionary Aspects of Nutrition and Health* (Simopoulos, A. P., dir.), Bâle, Karger, pp. 19-73.

Cordain, L., 2002. *The Paleo Diet*, New York, Wiley & Sons, p. 257.

Cordain, L., 2006. "Dietary implications for the development of acne: a shifting paradigm", *US Dermatology Review*, 2, pp. 1-5.

Cordain, L., Eaton, S. B., Miller, J. B., Lindeberg, S. & Jensen, C., 2002a. "An evolutionary analysis of the aetiology and pathogenesis of juvenile-onset myopia", *Acta Ophtalmologica Scandinavica*, 80, pp. 125-135.

Cordain, L., Lindeberg, S., Hurtado, A. M., Hill, K., Eaton, S. B. & Brand-Miller, J., 2002b. "*Acne vulgaris*: A disease of Western civilization", *Archives of Dermatology*, 138, pp. 1584-1590.

Cordain, L. Watkins, B. A., Florant, G. L., Kelher, M., Rogers, L. & Li, Y., 2002c. "Fatty acid analysis of wild ruminant tissues : evolutionary implications for reducing diet-related chronic disease", *European Journal of Clinical Nutrition*, 56, pp. 181-191.

Cordain, L., Eades, M. R., Eades, M. D., 2003. "Hyperinsulinemic diseases of civilization: more

우리는 왜 먹고, 사랑하고, 가족을 이루는가?

than just Syndrome X", *Comparative Biochemistry and Physiology, Part A*, 136, pp. 95-112.

Cordain, L., Eaton, S. B., Sebastian, A., Mann, N., Lindeberg, S. & Watkins, B. A., 2005. "Origins and evolution of the Western diet : health implications for the 21st century", *American Journal of Clinical Nutrition*, 81, pp. 341-354.

Cordain, L., Toohey L., Smith M.J. & Hickey, M.S., 2000. "Modulation of immune function by dietary lectins in rheumatoid arthritis", *British Journal of Nutrition*, 83, pp. 207-217.

Correale, J. & Farez, M., 2007. "Association between parasite infection and immune responses in multiple sclerosis", *Annals of Neurology*, 61, pp. 97-108 (DOI :10.1002/ ana.21067).

Daly, M. & Wilson, M., 1982. "Whom are newborn babies said to resemble?", *Ethology and Sociobiology*, 3, pp. 69-78.

Daly, M. & Wilson, M., 1984. "A sociobiological analysis of human infanticide", in *Infanticide: comparative and evolutionary perspectives* (Haufsfater, G. & Hrdy, S. B., dir.), New York, Aldine, pp. 487-502.

Daly, M. & Wilson, M., 1988. *Homicide*, New York, Adline de Gruyter, p. 328.

Daly, M. & Wilson, M., 1990. "Is parent-offspring conflict sex-linked? Freudian and darwinian models", *Journal of Personality*, 58, pp. 165-189.

Daly, M. & Wilson, M., 2002. *La Vérité sur Cendrillon, un point de vue darwinien sur l'amour parental*, Paris, Cassini, p. 71.

Danchin, E. & Cézilly, F., 2005. "La sélection sexuelle: un autre processus évolutif", in *Écologie comportementale* (Danchin, E., Giraldeau, L. A. & Cézilly, F., dir.), Paris, Dunod, pp. 235-298.

Danchin, E., Giraldeau, L.A. & Cézilly, F., 2005. *Écologie comportementale*, Paris, Dunod, p. 637.

Davatzikos, C. & Resnick, S. M., 1998. "Sex differences in anatomic measures of interhemispheric connectivity: correlations with cognition in women but not men", *Cerebral Cortex*, 8, pp. 635-640.

David, P. & Samadi, S., 2000. *La Théorie de l'évolution : une logique pour la biologie*, Paris, Flammarion, p. 212.

Davies, W. & Wilkinson, L.S., 2006. "It is not all hormones : alternatives explanations for sexual differentiation of the brain", *Brain Research*, 1126, pp. 36-45.

Dawkins, R., 1982. *The Extended Phenotype*, Oxford, Oxford University Press, p. 307. | 리처드 도킨스, 《확장된 표현형》, 을유문화사(2004)

Dawood, K., Pillard, R. C., Horvath, C., Revelle, W. & Bailey, J. M., 2000. "Familial aspects of male homosexuality", *Archives of Sexual Behavior*, 29, pp. 155-163.

Deaner, R. O., 2006a. "More males run relatively fast in US road races: further evidence of a sex difference in competitiveness", *Evolutionary Psychology*, 4, pp. 303-314.

Deaner, R. O., 2006b. "More males run fast : a stable sex difference in competitiveness in US distance runners", *Evolution and Human Behavior*, 27, pp. 63-84.

Deaner, R. O., 2007. "Different strokes: sex differences in competitiveness have disappeared in swimming but not in running", poster présenté à la 19e conférence annuelle de la Human Behavior & Evolution Society, Williamsburg, Virginie, 30 mai-3 juin.

Deheeger, M., Bellisle, F. & Rolland-Cachera, M. F., 2002. "The French longitudinal study of growth and nutrition : data in adolescent males and females", *Journal of Human Nutrition and Dietetics*, 15, pp. 429-438.

Dempster, E. L., Mill, J., Craig, I. W. & Collier, D. A., 2006. "The quantification of *COMT* mRNA in post mortem cerebellum tissue: diagnosis, genotype, methylation and expression", *BMC Medical Genetics*, 7, pp. 10-17.

Denic, S. & Agarwal, M. M., 2007. "Nutritional iron deficiency: an evolutionary perspective", *Nutrition*, 23, pp. 603-614.

Dewey, K. G., Domellöf, M., Cohen, R. J., Landa Rivera, L., Hernell, O. & Lönnerdal, B., 2002. "Iron supplementation affects growth and morbidity of breast-fed infants: results of a randomized trial in Sweden and Honduras", *Journal of Nutrition*, 132, pp. 3249-3255.

Dewsbury, D. A., Baumgardner, D. J., Evans, R. L. & Webster, D. C., 1980. "Sexual dimorphism for body mass in 13 taxa of muroid rodents under laboratory conditions", *Journal of Mammalogy*, 61, pp. 146-149.

Diamond, J., 1997. *Why is Sex Fun? The evolution of human sexuality*, New York, Basic Books, p. 165. | 제레드 다이아몬드, 《섹스의 진화》, 사이언스북스(2005)

Diamond, J., 2003. "The double puzzle of diabetes", *Nature*, 423, pp. 599-602.

Diamond, M. & Skyler, T.H., 2004. "Concordance for gender identity among monozygotic and dizygotic twin pairs", présenté à l'American Psychological Association Conference, Honolulu, Hawaii, 28 juillet-1er août.

Diamond, M., 1996. "Prenatal predisposition and the clinical management of some pediatric conditions", *Journal of Sex and Marital Therapy*, 22, pp. 139-174.

Dickemann, M., 1979. "The ecology of mating systems in hypergynous dowry societies", *Social Science Information*, 18, pp. 163-195.

Dickemann, M., 1993. "Reproductive strategies and gender construction: an evolutionary view of homo- sexualities", *Journal of Homosexuality*, 24, pp. 55-71.

Dickinson, S., Colagiuri, S., Faramus, P., Petocz, P. & Brand-Miller, J. C., 2002. "Postprandial hyperglycemia and insulin sensitivity differ among lean young adults of different ethnicities", *Journal of Nutrition*, 132, pp. 2574-2579.

Dixson, A. F., 1998. *Primate Sexuality. Comparative studies of the prosimians, monkeys, apes, and human beings*, Oxford, Oxford University Press, p. 546.

D'Mello, J. P. F. (dir.), 2003. *Amino Acids in Animal Nutrition*, Cambridge, MA, CABI publishing, p. 548.

Dörner, G., Schenk, B., Schmiedel, B. & Ahrens, L., 1983. "Stressful events in prenatal life of bi- and homo- sexual men", *Experimental and Clinical Endocrinology*, 81, pp. 83-87.

Drouard, A., 2005. *Les Francais et la Table. Alimentation, gastronomie du Moyen-Age à nos jours*, Paris, Ellipses, p. 152.

Dunn, J. & Plomin, R., 1992. "Why are siblings so different? The significance of differences in sibling experiences within the family", *Family Process*, 30, pp. 271-283.

Eaton, S. B., Cordain, L. & Lindelberg, S., 2002a. "Evolutionary health promotion : a consideration of common counterarguments", *Preventive Medicine*, 34, pp. 119-123.

Eaton, S. B., Eaton III, S. B. & Cordain, L., 2002b. "Evolution, diet and health", in *Human Diet, its origin and evolution* (Ungar, P. S. & Teaford, M. F., dir.), Wesport, Connecticut, Bergin & Garvey, pp. 7-17.

Eaton, S. B., Konner, M. & Shostak, M., 1988. "Stone agers in the fast lane : chronic degenerative diseases in evolutionary perspective", *The American Journal of Medicine*, 84, pp. 739-749.

Eckert, E. D., Bouchard, T. J., Bohlen, J. & Heston, L. H., 1986. "Homosexuality in monozygotic twins reared apart", *British Journal of Psychiatry*, 148, pp. 412- 425.

Einon, D., 1998. "How many children can one man have?", *Evolution and Human Behavior*, 19, p. 413-426. Elbert, T. & Rockstroh, B., 2004. "Reorganization of human cerebral cortex : the range of changes following use and injury", *Neuroscientist*, 10, pp. 129-141.

Elbert, T., Rockstroh, B, Kolassa, I.-T., Schauer, M. & Neuner, F., 2006. "The influence of organized violence and terror on brain and mind ? a co-constructive perspective", in *Lifespan Development and the Brain: the perspective of biocultural co-constructivism* (Baltes, P. B., Reuter-Lorenz, P. A. & Rösler, F., dir.), Cambridge, Cambridge University Press, pp. 326-349.

Eliade, M., 1973. *Fragments d'ún journal*, Gallimard, Paris, p. 571.

Ellegren, H. & Parsch, J., 2007. "The evolution of sex-biased genes and sex-biased gene expression", *Nature Review Genetics*, 8, pp. 689-698.

Emlen, S.T., 1995. "An evolutionary theory of the family", *Proceedings of the National Academy of Sciences, USA*, 92, pp. 8092-8099.

Euler, H. A. & Weitzel, B., 1996. "Discriminative grandparental solicitude as reproductive strategy", *Human Nature*, 7, pp. 39-59.

Ewald, P. W., 1980. "Evolutionary biology and the treatment of signs and symptoms of infectious disease", *Journal of Theoretical Biology*, 86, pp. 169-176.

F., D., 2007. "Le gay savoir de Sarko", *Le Canard enchaîné*, 4513, p. 1.

Fabiani, A., Galimberti, F., Sanvito, S. & Hoelzel, A. R., 2004. "Extreme polygyny among southern elephant seals on Sea Lion Island, Falkland Islands", *Behavioral Ecology*, 15, pp. 961-969.

Fairbairn, D. J., Blanckenhorn, W. U. & Székely, T., 2007. *Sex, Size & Gender roles. Evolutionary studies of sexual size dimorphism*, Oxford, Oxford University Press, p. 266.

Falcone, F. H. & Pritchard, D. I., 2005. "Parasite role and reversal: worms on trial", *Trends in Parasitology*, 21, pp. 157-160.

Faure, E., 1957. "Lettre à une jeune fille qui lui avait soumis le manuscrit d'un roman, 23 mars 1919", *Europe*, 141, pp. 52-54.

Faurie, C., Pontier, D. & Raymond, M., 2004. "Student athletes claim to have more sexual partners than other students", *Evolution and Human Behavior*, 25, pp. 1-8.

Fedigan, L. M. & Pavelka, M. S. M., 2007. "Reproductive cessation in female primates: comparisons of japanese macaques and humans", in *Primates in Perspective* (Campbell, C., Fuentes, A., MacKinnon, K., Panger, M. & Bearder, S., dir.), Oxford, Oxford University Press, pp. 437-447.

Fessler, D. M. T., 2002, "Reproductive immunosuppression and diet. An evolutionary perspective on pregnancy sickness and meat consumption", *Current Anthropology*, 43, pp. 19-61.

Fieder, M. & Huber, S., 2007. "The effects of sex and childlessness on the association between status and reproductive output in modern society", *Evolution and Human Behavior*, 28, pp. 392-398

Fieder, M., Hubert, S., Bookstein, F. L., Iber, K., Schäfer, K., Winckler, G. & Wallner, B., 2005. "Status and reproduction in humans: new evidence for the validity of evolutionary explanations on basis of a university sample", *Ethology*, 111, pp. 940-950.

Fisher, R.A., 1958. *The Genetical Theory of Natural Selection*, New York, Dover, p. 291.

Flandrin, J.-L., 1995. *Familles. Parenté, maison, sexualité dans l'ancienne société*, Paris, Seuil, p. 332.

Flaxman, S. M. & Sherman, P. W., 2000. "Morning sickness : a mechanism for protecting mother and embryo", *Quarterly Review of Biology*, 75, pp. 113-148.

Flinn, M. V., Leone, D. V. & Quinlan, R. J., 1999. "Growth and fluctuating asymmetry of stepchildren", *Evolution and Human Behavior*, 20, pp. 465-479.

Flohr, C., Nguyen Tuyen, L., Lewis, S., Quinnell, R., Tan Minh, T., Thanh Liem, H., Campbell, J., Pritchard, D., Tinh Hien, T., Farrar, J., Williams, H. & Britton, J., 2006. "Poor sanitation and helminth infection protect against skin sensitization in Vietnamese children: a cross-sectional study", *Journal of Allergy and Clinical Immunology*, 118, pp. 1305-1311.

Fogelman, Y., Rakover, Y. & Luboshitsky, R., 1995. "High prevalence of vitamin D deficiency among Ethiopian women immigrants to Israel : exacerbation during pregnancy and lactation", *Israel Journal of Medical Sciences*, 31, pp. 221-224.

Francis, C. M., Anthony, E. L. P., Brunton, J. A. & Kunz, T. H., 1994. "Lactation in male fruit bats", *Nature*, 367, pp. 691-692.

Futuyma, D. J., 1998. *Evolutionary Biology*. Sunderland, MA, Sinauer, p. 763.

Gaulin, S. J. C. & Schlegel, A., 1980. "Paternal confidence and paternal investment : a cross-cultural test of a sociobiological hypothesis", *Ethology and Sociobiology*, 1, pp. 301-309.

Gaulin, S. J. C., McBurney, D. H. & Brademan-Wartell, S. L., 1997. "Matrilateral biases in the investment of aunts and uncles", *Human Nature*, 8, pp. 139-151.

Gavrilets, S. & Rice, W. R., 2006. "Genetic models of homosexuality: generating testable predictions", *Proceedings of the Royal Society of London*, B 273, pp. 3031-3038.

Gayon, J. & Jacobi, D. (dir.), 2006. *L'Éternel Retour de l'eugénisme*, Paris, Presses universitaires de France, p. 317.

Geary, D. C. & Flinn, M.V., 2002. "Evolution of human parental behavior and the human family", *Parenting: Science and practice*, 1, pp. 5-61.

Geary, D. C., 2003. *Hommes, femmes. L'évolution des différences sexuelles humaines*, Bruxelles, De Boeck, p. 481.

Geary, D. C., 2005. "Evolution of paternal investment", in *The Handbook of evolutionary psychology* (Buss, D. M., dir.), Hoboken, New Jersey, Wiley, pp. 483-505.

Geary, D. C., 2006. "Coevolution of paternal investment and cuckoldry in humans", in *Female Infidelity and Paternal Uncertainty. Evolutionary perspective on male anti-cuckoldry tactics* (Platek, S. M. & Shackelford, T. K., dir.), Cambridge, Cambridge University Press, pp. 14-34.

Genlis, Mme de, 2004. *Mémoires*, Paris, Mercure de France, p. 391.

Gibson, M. A. & Mace, R., 2005. "Helpful grandmothers in rural Ethiopia: a study of the effect of kin on child survival and growth", *Evolution and Human Behavior*, 26, pp. 469-482.

Goldman, R. & Goldman, J., 1982. *Childrens's Sexual Thinking. A comparative study of children aged 5 to 15 years in Australia, North America, Britain and Sweden*, London, Routledge & Kegan Paul, p. 485.

Goldstein, J. M., Seidman, L. J., Horton, N. J., Makris, N., Kennedy, D. N., Caviness Jr., V. S., Faraone, S. V. & Tsuang, M. T., 2002. "Normal sexual dimorphism of the adult human brain assessed by in vivo magnetic resonance imaging", *Cerebral Cortex*, 11, pp. 490-497.

Gould, R. G., 2000. "How many children could Moulay Ismail have had?", *Evolution and Human Behavior*, 21, pp. 295-296.

Graham, N. M. H., Burrell, C. J., Douglas, R. M., Debelle, P. & Davies, L., 1990. "Adverse effects of aspirin, acetaminophen, and ibuprofen on immune function, viral shedding, and clinical status in rhinovirus-infected volunteers", *The Journal of Infectious Disease*, 162, pp. 1277-1282.

Greenblatt, R. B., 1972. "Inappropriate lactation in men and women", *Medical Aspects of Human Sexuality*, 6, pp. 25-33.

Guarner, F., Bourdet-Sicard, R., Brandtzaeg, P., Gill, H.S., McGuirk P., Van Eden, W., Versalovic, J., Weinstock, J. V. & Rook, G. A., 2006. "Mechanisms of disease: the hygiene hypothesis revisited", *Nature Clinical Practice Gastroenterology & Hepatology*, 3, pp. 275-284.

Gur, R. C., Turetsky, B. I., Matsui, M., Yan, M., Bilker, W., Hughett, P. & Gur, R. E., 1999. "Sex differences in brain gray and white matter in healthy young adults: correlations with cognitive performance", *Journal of Neuroscience*, 19, pp. 4065-4072.

Gutierrez, H. & Houdaille, J., 1983. "La mortalité maternelle en France au XVIIIe siècle", *Population*, 38, pp. 975-994.

H., J., 1973. "Évolution de la mortalité maternelle dans les pays industriels (1947-1969)", *Population*, 28, pp. 137-139.

Haas, J., 1990. *The Anthropology of War, Cambridge*, Cambridge University Press, p. 242.

Haechler, J., 2001. *Le Règne des femmes, 1715-1793*, Paris, Grasset, p. 493.

Hausfater, G. & Hrdy, S.B. (dir.), 1984. *Infanticide: comparative and evolutionary perspectives*, New York, Aldine, p. 598.

Hawks, J., Wang, E. T., Cochran, G. M., Harpending, H. C. & Moyzis, R. K., 2007. "Recent acceleration of human adaptive evolution", *Proceedings of the National Academy of Sciences, USA*, 104, pp. 20753-20758.

Helle, S., Helama, S. & Jokela, J., 2007. "Temperature-related birth sex ratio bias in historical Sami: warm years bring more sons", *Biology Letters*, DOI 10.1098/rsbl.2007.0482.

Henderson, J. B., Dunnigan, M. G., McIntosh, W. B., Abdul-Motaal, A. A., Gettinby, G. & Glekin, B. M., 1987. "The importance of limited exposure to ultraviolet radiation and dietary factors in the aetiology of Asian rickets : a risk factor model", *Quarterly Journal of Medicine*, 63, pp. 413-425.

Herdt, G. H. (dir.), 1984. *Ritualized homosexuality in Melanesia*, Berkeley, University of California Press, p. 409.

Heritier, F., 2007. "Le vade-mecum du male dominant", *Le Monde 2*, 3 fevrier, pp. 17-25.

Herman, R. A. & Wallen, K., 2007. "Cognitive performance in rhesus monkeys varies by sex and prenatal androgen exposure", *Hormone and Behavior*, 51, pp. 496-507.

Hill, K. & Hurtado, A. M., 2002. "The evolution of premature reproductive senescence and menopause in human females: an evaluation of the "Grandmother Hypothesis"", *Human Nature*, 2, pp. 313-350.

Hines, M., Golombok, S., Rust, J., Johnston, K. J., Golding J. & the ALSPAC study team, 2002. "Testosterone during pregnancy and childhood gender role behavior : a longitudinal population study", *Child Development*, 73, pp. 1678-1687.

Hladik, C.-M. & Picq, P., 2002. "Au bon goût des singes. Bien manger et bien penser chez l'Homme et les singes", in *Aux origines de l'humanité. Le propre de l'Homme* (Picq, P. & Coppens, Y., dir.), Paris, Fayard, pp. 141-145.

Holden, C., 2005. "Sex and the suffering brain", *Science*, 308, pp. 1574-1577.

Holmes, M. M., Rosen, G. J., Jordan, C. L., De Vries, G. J., Goldman, B. D. & Forger, N. G., 2007. "Social control of brain morphology in a eusocial mammal", *Proceedings of the National Academy of Sciences, USA*, 104, pp. 10548-10552.

Horn, G., 1986. "Imprinting, learning, and memory", *Behavioral Neuroscience*, 100, pp. 825-832.

Hrdy, S. B. & Judge, D. S., 1993. "Darwin and the puzzle of primogeniture : an essay on biases in parental investment after death", *Human Nature*, 4, pp. 1-45.

Hrdy, S. B., 1979. "Infanticide among animals : a review, classification, and estimation of the implications for the reproductive strategies of females", *Ethology and Sociobiology*, 1, pp. 13-40.

Huff, M. W., Roberts, D. C. & Carroll, K. K., 1982. "Long-term effects of semipurified diets containing casein or soy protein isolate on atherosclerosis and plasma lipoproteins in rabbits", *Atherosclerosis*, 41, pp. 327-336.

Huffman, M. A., 1995. "La pharmacopée des chimpanzés", *La Recherche*, 280, pp. 66-71.

Huffman, M. A., 2002. "Origines animales de la méde- cine par les plantes", in *Des sources du savoir aux médicaments du futur* (Fleurentin J., Pelt J.-M. & Mazars, G., dir.), IRD Éditions, Paris, pp. 43-54.

Huffman, M. A., Elias, R., Balansard, G., Ohigashi, H. & Nansen, P., 1998. "L'automedication chez les singes anthropoïdes : une étude multidisciplinaire sur le compor- tement, le régime alimentaire et la santé", *Primatologie*, 1, pp. 179-204.

Hugi, D., Tappy, L., Sauerwein, H., Bruckmaier, R. M. & Blum, J. W., 1998. "Insulin-dependent glucose utilization in intensively milk-fed veal calves is modulated by supplemental lactose in an age-dependent manner", *Journal of Nutrition*, 128, pp. 1023-1030.

Hurlbert, A. C. & Ling, Y., 2007. "Biological components of sex differences in color preference", *Current Biology*, 17, pp. R623-R625.

Inoue, S. & Matsuzawa, T., 2007. "Working memory of numerals in chimpanzees", *Current Biology*, 17, p. R1004.

Jablonski, N. G. & Chaplin, G., 2000. "The evolution of human skin coloration", *Journal of Human Evolution*, 39, pp. 56-107.

Jacob, F., 1999. "Éloge du darwinisme", propos recueillis par Gouyon, P.-H. & Lecourt, D., *Magazine littéraire*, 374, pp. 18-23.

Jacobs, G. H., 1995. "Variations in primate color vision: mechanisms and utility", *Evolutionary Anthropology*, 3, pp. 196-205.

James, W. H., 1987. "The human sex ratio. Part 1: a review of the literature", *Human Biology*, 59, pp. 721-752.

Jameson, K. A., Highnote, S. & Wasserman, L., 2002. "Richer color experience for observers with multiple photopigment opsin genes", *Psychonomic Bulletin & Review*, 8, pp. 244-261.

Jedlicka, D., 1980. "A test of the psychoanalytic theory of mate selection", *Journal of Social Psychology*, 112, pp. 295- 299.

Jermy, T, 1984. "Evolution of insect/host plant relationships", *American Naturalist*, 124, pp. 609-630.

Jiang, M., Ryu, J., Kiraly, M., Duke, K., Reinke, V. & Kim, S. K., 2002. "Genome-wide analysis of developmental and sex-regulated gene expression profiles", in *Caenorhabditis elegans. Proceedings of the National Academy of Sciences, USA*, 98, pp. 218-223.

Joignot, F., 2006. "Bien manger pour bien penser", *Le Monde 2*, 132, pp. 10-17.

Jomand-Baudry, R., 2003. "Le Kam d'Anserol et autres variations allégoriques", in *Le Régent, entre fable et histoire* (Reynaud, D. & Thomas, C., dir.), Paris, CNRS Éditions, pp. 121-131.

Judson, O. P., 2004. *Manuel universel d'éducation sexuelle*, Paris, Le Seuil, p. 329.

Julliard, J.-F., 2006. "Un expert qui ne manque pas d'estomac", *Le Canard enchaîné*, 4480, p. 4.

Kahn, S. E., Hull, R. L. & Utzschneider, K. M., 2006. "Mechanisms linking obesity to insulin resistance and type 2 diabetes", *Nature*, 444, pp. 840-846.

Kaiser, A., Kuenzli, E., Zappatore, D. & Nitsch, C., 2007. "On females' lateral and males' bilateral activation during language production: A fMRI study", *International Journal of Psychophysiology*, 63, pp. 192-198.

Kalhan, R., Puthawala, K., Agarwarl, S., Amini, S. B. & Kalhan, S. C., 2002. "Altered lipid profiles, leptin, insulin, and anthropometry in offspring of South Asian immigrants in the United States", *Metabolism*, 50, pp. 1197-1202.

Kaplan, H. & Hill, K., 1985. "Hunting ability and reproductive success among male Ache foragers", *Current Anthropology*, 26, pp. 131-133.

Katz, S. H., 1987. "Food and biocultural evolution: a model for the investigation of modern nutritional problems", in *Nutritional Anthropology* (Johnston, F. E., dir.), New York, Alan R. Liss, pp. 41-63.

Katz, S. H., Hediger, M. L. & Valleroy, L. A., 1974. "Traditional maize processing techniques in the New World", *Science*, 184, pp. 765-773.

Keller, A., Zhuang, H., Chi, Q., Vosshall, L. B. & Matsunami, H., 2007. "Genetic variation in a human odorant receptor alters odour perception", Nature, 449, pp. 468-472.

Kendler, K. S., Thornton, L. M., Gilman, S. E. & Kessler, R. C., 2000. "Sexual orientation in a US national sample of twin and nontwin sibling pairs", *American Journal of Psychiatry*, 157, pp. 1843-1846.

Kendrick, K. M., Hinton, M. R., Atkins, K., Haupt, M. A. & Skinner, J. D., 1998. "Mothers determine sexual preferences", *Nature*, 395, pp. 229-230.

Kim, K. & Smith, P. K., 1998. "Retrospective survey of parental marital relations and child reproductive development. International", *Journal of Behavioral Development*, 22, pp. 729-751.

Kim, K. & Smith, P. K., 1999. "Family relations in early childhood and reproductive development", *Journal of Reproductive and Infant Psychology*, 17, pp. 133-147.

Kirkpatrick, M., 1996. "Genes and adaptation: a pocket guide to the theory", in *Adaptation* (Rose, M. R. & Lauder, G. V., dir.), San Diego, Academic Press, pp. 125-146.

Kirkpatrick, R. C., 2000. "The evolution of human homo-sexual behavior", *Current Anthropology*,

우리는 왜 먹고, 사랑하고, 가족을 이루는가?

41, pp. 385-413.

Kirsch, I., Deacon, B. J., Huedo-Medina, T. B., Scoboria, A., Moore, T. J. & Johnson, B. T., 2008. "Initial severity and antidepressant benefits: a meta-analysis of data submitted to the Food and Drug Administration", *PLOS Medicine*, 5, pp. 260-268.

Klein, N., Fröhlich, F. & Krief, S., 2008. "Geophagy: soil consumption enhances the bioactivities of plants eaten by chimpanzees", *Naturwissenschaften*, 95, pp. 325- 331.

Kluger, M. J., 1979. "Phylogeny of fever", *Federation Proceedings*, 38, pp. 30-34.

Kluger, M. J., Kozak, W., Conn, C. A., Leon, L. R. & Soszynski, D., 1996. "The adaptive value of fever", *Infectious Disease Clinics of North America*, 10, pp. 1-20.

Knauft, B. M., 1987. "Reconsidering violence in simple human societies ? Homicide among the Gebusi of New Guinea", *Current Anthropology*, 28, pp. 457-500.

Kull, I., Wickman, M., Lilja, G., Nordval, S. L. & Pershagen, G., 2002. "Breast feeding and allergic diseases in infants ? a prospective birth cohort study", *Archives of Disease in Childhood*, 87, pp. 478-481.

La Fontaine, J. S., 1959. *The Gisu of Uganda*, London, International African Institute, p. 68.

Laburthe-Tolra, P., 1981. *Les Seigneurs de la forêt. Essai sur le passé historique, l'organisation sociale et les normes éthiques des anciens Beti du Cameroun*, Paris, Publications de la Sorbonne, p. 490.

Laham, S. M., Gonsalkorale, K. & von Hippel, W., 2005. "Darwinian grandparenting : preferential investment in more certain kin", *Personality and Social Psychology Bulletin*, 31, pp. 63-72.

Lahdenperä, M., Lummaa, V., Helle, S., Tremblay, M. & Russel, A. F., 2004. "Fitness benefits of prolonged post- reproductive lifespan in women", *Nature*, 428, pp. 178-181.

Lahdenperä, M., Russell, A.F. & Lummaa, V., 2007. "Selection for long lifespan in men: benefit of grand- fathering?", *Proceedings of the Royal Society of London*, B 274, pp. 2437-2444.

Lancaster, J. B. & King, B. J., 1992. "An evolutionary perspective on menopause", in *In Her Prime: new views of middle-aged women* (Kerns, V. & Brown, J. K., dir.), Chicago, University of Illinois Press, 2nd edition, pp. 7-15.

Le Vay, S., 1996. *Queer Science. The use and abuse of research into homosexuality*, Cambridge, MA, MIT Press, p. 364.

Lee, D.-H., Folsom, A. R., Harnack, L., Halliwell, B. & Jacobs, Jr, D. R., 2004. "Does supplemental vitamin C increase cardiovascular disease risk in women with diabetes?", *American Journal of Clinical Nutrition*, 80, pp. 1194-1200.

LeGrand, E. K. & Brown, C. C., 2002. "Darwinian medicine: Applications of evolutionary biology for veterinarians", *Canadian Veterinary Journal*, 43, pp. 556- 559.

Lemoine, P., 2006. *Le Mystère du placebo*, Paris, Odile Jacob, p. 236.

Lévi-Strauss, C., 1955. *Tristes Tropiques*, Paris, Plon, p. 464. | 클로드 레비스트로스, 《슬픈 열대》, 한길사(1998)

Lienhart, R. & Vermelin, H., 1946. "Observation d'une famille humaine à descendance exclu-sivement fémi- nine. Essai d'interprétation de ce phénomène", *Société de biologie de Nancy*, 140, pp. 537-540.

Liggett, S. B., Mialet-Perez, J., Thaneemit-Chen, S., Weber, S. A., Greene, S. M., Hodne, D., Nelson, B., Morrison, J., Domanski, M. J., Wagoner, L. E., Abraham, W. T., Anderson, J. L., Carlquist, J. F., Krause-Steinrauf, H. J., Lazzeroni, L. C., Port, J. D., Lavori, P. W. & Bristow, M. R., 2006. "A polymorphism within a conserved ß-adrenergic receptor motif alters cardiac function and ß-blocker response in human heart failure", *Proceedings of the National Academy of Sciences, USA*, 103, pp. 11288-11293.

Linde, K., Scholz, M., Ramirez, G., Clausius, N., Melchart, D. & Wayne, B. J., 1999. "Impact of study quality on outcome in placebo-controlled trials of homeopathy", *Journal of Clinical Epidemiology*, 52, pp. 631-636.

Lindeberg, S., Cordain, L. & Eaton, S. B., 2003. "Biological and clinical potential of a paleolithic diet", *Journal of Nutritional & Environmental Medicine*, 13, pp. 1-12.

Lindstedt, E. R., Oh, K. P. & Badyaev, A. V., 2007. "Ecological, social, and genetic contingency of extrapair behavior in a socially monogamous bird", *Journal of Avian Biology*, 38, pp. 214-223.

Ling, Y., Robinson, L. & Hurlbert, A., 2004. "Colour preference : sex and culture", *Perception*, 33s, p. 45.

Little, A. C., Penton-Voak, I. S., Burt, D. M. & Perrett, D. I., 2003. "Investigating an imprinting-like phenomenon in humans : partners and opposite-sex parents have similar hair and eye colour", *Evolution and Human Behavior*, 24, pp. 43-51.

Lizot, J., 1976. *Le Cercle des feux. Faits et dits des Indiens yanomami*, Paris, Le Seuil, p. 253.

Lorrain, J.-L., 2003. "Rapport d'information fait au nom de la Commission des affaires sociales et du Groupe d'études sur les problématiques de l'enfance et de l'adolescence sur l'adolescence en crise", Sénat, rap- port n° 242. http://www.senat.fr/rap/r02-242/r02-2421.pdf.

Loudon, I., 1992. *Death in Childbirth. An international study of maternal care and maternal mortality 1800-1950*, Oxford, Clarendon Press, p. 622.

Lubbock, J., 2005. *The Origin of Civilization and the Primitive Condition of Man*, Whitefish, Montana, Kessinger Publishing, p. 528.

Ludwig D. S., Peterson K. E. & Gortmaker, S. L., 2002. "Relation between consumption of sugar-sweetened drinks and childhood obesity: a prospective, observational analysis", *Lancet*, 357, pp. 505-508.

Lyons, W. R., 1937. "The hormonal basis for "Witches' Milk"", *Proceedings of the Society for Experimental Biology and Medicine*, 37, pp. 207-209.

Maguire, E. A, Gadian, D. G., Johnsrude, I. S., Good, C. D., Ashburner, J., Frackowiak, R. S. J. & Frith, C. D., 2000. "Navigation-related structural change in the hippocampi of taxi drivers",

Proceedings of the National Academy of Sciences, USA, 97, pp. 4398-4403.

Maguire, E. A, Woollett, K. & Spiers, H. J., 2006. "London taxi drivers and bus drivers : a structural MRI and neuropsychological analysis", *Hippocampus*, 16, pp. 1091-1101.

Manson, J. H. & Wrangham, R. W., 1992. "Intergroup aggression in chimpanzees and humans", *Current Anthropology*, 32, pp. 369-390.

Marks, L. V., 2001. *Sexual Chemistry. A history of the contraceptive pill*, New Haven, Yale University Press, p. 372.

Marshall, K. M., 1959. "Marriage among the !Kung Bushmen", *Africa*, 29, pp. 335-364.

Masson, F., 1894. *Napoléon et les Femmes*, Paris, Paul Ollendorff, p. 334.

Matchock, R. L. & Susman, E. J., 2006. "Family composition and menarcheal age: anti-inbreeding strategies", *American Journal of Human Biology*, 18, pp. 481-491.

Maynard Smith, J., 1978. *The Evolution of Sex*, Cambridge, Cambridge University Press, p. 222.

Maynard Smith, J., 1998. *Evolutionary genetics*, Oxford, Oxford University Press, p. 354.

McBride, W. G., 1962. "Thalidomide and congenital abnormalities", *The Lancet*, 2, p. 1358.

McClain, R., Wolz, E., Davidovich, A. & Bausch, J., 2006. "Genetic toxicity with genistein", *Food and Chemical Toxicology*, 44, pp. 42-55.

McCracken, R. D., 1972. "Lactose deficiency : an example of dietary evolution", *Current Anthropology*, 12, pp. 479-517.

McLain, D. K., Setters, D., Moulton, M. P. & Pratt, A. E., 2000. "Ascription of resemblance of newborns by parents and nonrelatives", *Evolution and Human Behavior*, 21, pp. 11-23.

McNair, A., Gudmand-Hoyer, E., Jarnum, S. & Orrild, L., 1972. "Sucrose malabsorption in Greenland", *British Medical Journal*, 2, pp. 19-21.

Melin, A. D., Fedigan, L. M., Hiramatsu, C., Sendall, C. L. & Kawamura, S., 2000. "Effects of colour vision phenotype on insect capture by a free-ranging population of white-faced capuchins (*Cebus Capucinus*)", *Animal Behavior*, 73, pp. 205-214.

Melton, L., 2002. "His pain, her pain", *New Scientist*, 2326, pp. 32-35.

Melton, L., 2006. "The antioxidant myth : a medical fairy tale", *New Scientist*, 2563, pp. 40-43.

Meyer, B. J., 1997. "Sex determination and X chromosome dosage compensation", in *C. Elegans II* (Riddle, D. L., Blumenthal, T., Meyer, B. J. & Priess, J. R., dir.), Plainview, New York, Cold Spring Harbor Laboratory Press, p. 209-240(disponible en ligne, http://www.ncbi.nlm.nih.gov/books/bv.fcgi?rid=ce2.section.312).

Meyer, C. (dir.), 2005. *Le Livre noir de la psychanalyse*, Paris, Les Arenes, p. 831.

Møller, A. P., 1988. "Female choice selects for male sexual tail ornament in the monogamous swallow", *Nature*, 332, pp. 640-642.

Møller, A. P., 1994. *Sexual Selection and the Barn Swallow*, Oxford, Oxford University Press, p. 376.

MRC Vitamin Study Research Group, 1992. "Prevention of neural tube defects : results of the

Medical Research Council vitamin study", *Lancet*, 338, pp. 131-137.

Muller, M. N., 2002. "Sexual mimicry in hyenas", *The Quarterly Review of Biology*, 77, pp. 3-14.

Murray, S. O., 2000. *Homosexualities*, Chicago, University of Chicago Press, p. 507.

Nabhan, G. P., 2004. *Why Some Like it Hot. Food, genes, and cultural diversity*, Washington DC., Island Press, p. 233.

Neitz, M. & Neitz, J., 1998. "Molecular genetics and the biological basis of color vision", in *Color Vision, perspectives from different disciplines* (Backhaus, W., Kliegl, R. & Werner, J. S., dir.), Berlin, Walter de Gruyter, pp. 101-119.

Nesse, R. M. & Williams, G. C., 1996. *Why We Get Sick. The new science of Darwinian medicine*, New York, Vintage Books, p. 290. | R. 네스, G. 윌리엄즈, 《인간은 왜 병에 걸리는가》, 사이언스북스(1999)

Nesse, R. M., Stearns, S. C. & Omenn, G. S., 2006. "Medicine needs evolution", *Science*, 311, p. 1071.

Nettle, D., 2003. "Height and reproductive success in a cohort of British men", *Human Nature*, 13, pp. 473-491.

Neukirch, F., 2005. "Épidémiologie des allergies respiratoires", in *Histoire naturelle de l'allergie respiratoire* (Vervloet, D., dir.), Paris, Éditions médicales, pp. 26-37.

Norton, R., 1997. *The Myth of the Modern Homosexual. Queer history and the search for cultural unity*, London, Cassell, p. 310.

Olivier, B. & Parisi, M., 2004. "Battle of the Xs", *BioEssays*, 26, pp. 543-548.

Orr, H. A. & Coyne, J. A., 1992. "The genetics of adaptation: a reassessment", *The American Naturalist*, 140, pp. 725-742.

Parisi, M., Nuttall, R., Naiman, D., Bouffard, G., Malley, J., Andrews, J., Eastman, S. & Oliver, B., 2003. "Paucity of genes on the Drosophila X chromosome showing male-biased expression", *Science*, 299, pp. 697-700.

Parker, G. A., Baker, R. R. & Smith, V. G. V., 1972. "The origin and evolution of gamete dimorphism and the male-female phenomenon", *Journal of Theoretical Biology*, 36, pp. 529-553.

Pawlowski, B., Bunbart, R. I. M. & Lipowicz, A., 2000. "Tall men have more reproductive success", *Nature*, 403, p. 156.

Pêcheur, J., 2008. "Le troisième sexe des Zapothèques", *Le Monde 2*, 26 janvier, pp. 48-51.

Perrett, D. I., Penton-Voak, I. S., Little, A. C., Tiddeman, B. P., Burt, D. M., Schmidt, N., Oxley, R., Kinloch, N. & Barrett, L., 2002. "Facial attractiveness judgements reflect learning of parental age characteristics", *Proceedings of the Royal Society of London*, B 269, pp. 873-880.

Perry, G. H., Dominy, N. J., Claw, K. G., Lee, A. S., Fiegler, H., Redon, R., Werne, J., Villanea, F. A., Mountain, J. L., Misra, R., Carter, N. P., Lee, C. & Stone, A. C., 2007. "Diet and the evolution of human amylase gene copy number variation", *Nature Genetics*, 39, pp. 1256-1260.

Pérusse, D., 1993. "Cultural and reproductive success in industrial societies : testing the relationship at the proximate and ultimate levels", *Behavioral and Brain Sciences*, 16, pp. 267-322.

Peters, N. J., 2007. *Conundrum. The evolution of homosexuality*, Bloomington, Indiana, Author-House, p. 192.

Picariello, M. L., Greenberg, D. N. & Pillemer, D. B., 1990. "Children's sex-related stereotyping of colors", *Child Development*, 61, pp. 1453-1460.

Picq, P. & Coppens, Y. (dir.), 2001. *Aux origines de l'humanité. Le propre de l'homme*, Paris, Fayard, p. 567.

Pillard, R. & Weinrich, J., 1986. "Evidence of familial nature of male homosexuality", *Archives of General Psychiatry*, 43, pp. 808-812.

Platek, S. & Shackelford, T. K. (dir.), 2006. *Female Infidelity and Paternal Uncertainty. Evolutionary perspective on male anti-cuckoldry tactics*, Cambridge, Cambridge University Press, p. 248.

Platek, S. M. & Thomson, J. W., 2006. "Children on the mind : sex differences in neural correlates of attention to a child's face as a function of facial resemblance", in *Female Infidelity and Paternal Uncertainty. Evolutionary per- spective on male anti-cuckoldry tactics* (Platek, S. M. & Shackelford, T. K., dir.), Cambridge, Cambridge University Press, pp. 224-241.

Platek, S. M., Keenan, J. P. & Mohamed, F. B., 2005. "Sex differences in the neural correlates of child facial resemblance : an event-related fMRI study", *NeuroImage*, 25, pp. 1336-1344.

Platek, S. M., Raines, D. M., Gallup, G. G., Jr., Mohamed, F. B., Thomson, J. W., Myers, T. E., Panyavin, I. S., Levin, S. L., Davis, J. A., Fonteyn, L. C. M. & Arigo, D. R., 2004. "Reactions to children's faces: males are more affected by resemblance than females are, and so are their brains", *Evolution and Human Behavior*, 25, pp. 394-405.

Plomin, R. & Daniels, D., 1987. "Why are children in the same family so different from one another", *Behavioral and Brain Sciences*, 10, pp. 1-60.

Pollack, R., 2005. "Bettelheim l'imposteur", in *Le Livre noir de la psychanalyse* (Meyer, C., dir.), Paris, Les Arènes, pp. 533-548.

Pollet, T. V., Nettle, D. & Nelissen, M., 2006. "Contact frequencies between grandparents and grandchildren in a modern society: estimates of the impact of paternity uncertainty", *Journal of Cultural and Evolutionary Psychology*, 4, pp. 203-214.

Postel-Vinay, O., 2007. *La Revanche du chromosome X. Enquête sur les origines et le devenir du féminin*, Paris, J.-C. Lattès, p. 440.

Profet, M., 1992. "The function of allergy: immunological defense against toxins", *The Quarterly Review of Biology*, 66, pp. 23-62.

Profet, M., 1992. "Pregnancy sickness as adaptation: a deterrent to maternal ingestion of teratogens", in *The Adapted Mind. Evolutionary psychology and the generation of culture* (Barkow, J., Cosmides, L. & Tooby, J., dir.), Oxford, Oxford University Press, pp. 327- 365.

Putnam, R. D., 1996. "The strange disappearance of civic America", *The American Prospect*, 24, pp. 34-48.

Quervain, de, D. J.-F., Fischbacher, U., Treyer, V., Schell- hammer, M., Schnyder, U., Buck, A. & Fehr, E., 2004. "The neural basis of altruistic punishment", *Science*, 305, pp. 1254-1258.

Quinlan, R. J., 2003. "Father absence, parental care, and female reproductive development", *Evolution and Human Behavior*, 24, pp. 376-390.

Quinsey, V. L., 2003. "The etiology of anomalous preference in men", *Annals of the New York Academy of Sciences*, 989, pp. 105-117.

Rahman, Q. & Hull, M. S., 2005. "An empirical test of the kin selection hypothesis for male homosexuality", *Archives of Sexual Behavior*, 34, pp. 461-467.

Reaven, G. M., 1994. "Syndrome X: 6 years later", *Journal of Internal Medicine*, 236, pp. 13-22.

Reeves, G. K., Pirie, K., Beral, V., Green, J., Spencer, E., Bull, D. & Million Women Study Collaboration, 2007. "Cancer incidence and mortality in relation to body mass index in the Million Women Study: cohort study", *British Medical Journal*, 335, pp. 1134-1144.

Regalski, J. & Gaulin, S., 1993. "Whom are Mexican infants said to resemble? Monitoring and fostering paternal confidence in the Yucatan", *Ethology and Sociobiology*, 14, pp. 97-113.

Regan, B. C., Julliot, C., Simmen, B., Viénot, F., Charles- Dominique, P. & Mollon, J. D., 2002. "Fruits, foliage and the evolution of primate colour vision", *Philosophical Transactions of the Royal Society of London*, B 356, pp. 229-283.

Remafedi, G., 1999. "Suicide and sexual orientation; nearing the end of controversy?", *Archives of General Psychiatry*, 56, pp. 885-886.

Rice, W. R., 1996. "Sexually antagonistic male adaptation triggered by experimental arrest of female evolution", *Nature*, 381, pp. 232-234.

Riddle, J. M., 1992. *Contraception and Abortion from the Ancient World to the Renaissance*, Cambridge, MA, Harvard University Press, p. 245.

Riddle, J. M., 1997. *Eve's Herbs. A history of contraception and abortion in the West*, Cambridge, MA, Harvard University Press, p. 341.

Ridley, M., 2004. *Evolution*, Oxford, Blackwell, 792 p. Rinn, J. L. & Snyder, M., 2005. "Sexual dimorphism in mammalian gene expression", *Trends in Genetics*, 21, pp. 298-305.

Robbins, M., 1996. "Male-male interactions in heterosexual and all-male wild mountain gorilla groups", Ethology, 102, pp. 942-965.

Ronald, M., Weigel, M. & Weigel, M., 1989. "Nausea and vomiting of early pregnancy and pregnancy outcome. A meta-analytical review", *British Journal of Obstetrics and Gynecology*, 96, pp. 1312-1318.

Roselli, C. E., Resko, J. A. & Stormshak, F., 2002. "Hormonal influences on sexual partner preference in rams", *Archives of Sexual Behavior*, 31, pp. 43-49.

Rousseau, J.-J., 1762. *Émile ou De l'education*, Paris, Garnier- Flammarion, p. 629. | 장 자크 루소, 《에밀》, 한길사(2003) 외

Rowe, N., 1996. *The Pictorial Guide to the Living Primates*, East Hampton, New York, Pogonias Press, p. 263.

Saito, A., Mikami, A., Hosokawa, T. & Hasegawa, T., 2006. "Advantage of dichromats over trichromats in discrimination of color-camouflaged stimuli in humans", *Perceptual and Motor Skills*, 102, pp. 3-12.

Saito, A., Mikami, A., Kawamura, S., Ueno, Y., Hira- matsu, C., Widayati, K. A., Suryobroto, B., Teramoto, M., Mori, Y., Nagano, K., Fujita, K., Kuroshima, H. & Hasegawa, T., 2005. "Advantage of dichromats over trichromats in discrimination of color-camouflaged stimuli in non-human primates", *American Journal of Primatology*, 67, pp. 425-436.

Salanave, B., Bouvier-Colle, M. H., Varnoux, N., Alexander, S., Macfarlane, A. & Moms group, 1999. "Classification differences and maternal mortality: a European study", *International Journal of Epidemiology*, 28, pp. 64-69.

Salmon, C., 2005. "Parental investment and parent-offspring conflict", in *The Handbook of Evolutionary Psychology* (Buss, D. M., dir.), Hoboken, New Jersey, Wiley, pp. 506-527.

Sasse, G., Hansjakob, M., Chakraborty, R. & Ott, J., 1994. "Estimating the frequency of nonpaternity in Switzerland", *Human Heredity*, 44, pp. 337-343.

Schiefenhövel, W., 1980. ""Primitive" childbirth? anachronism or challenge to "modern" obstetrics?", Barcelone, Proceedings of the 7th European Congress of Perinatal Medicine, pp. 40-49.

Schiefenhövel, W., 1990. "Ritualized adult-male / adolescent-male sexual behavior in Melanesia: an anthropological and ethological perspective", in *Pedophilia* (Feierman, J. R., dir.), New York, Springer pp. 394-421.

Schiefenhövel, W., 1997. "Good taste and bad taste. Preferences and aversions as biological principles", in *Food Preferences and Taste. Continuity and change* (MacBeth, H., dir.), Oxford, Berghalm Books, pp. 55-64.

Schiefenhövel, W., Siegmund, R. & Wermke, K., 1997. "Evolutionary, chronobiological and economic aspects of food", *Social Biology and Human Affairs*, 62, pp. 1-10.

Schlegel, A., 1995. "A cross-cultural approach to adolescence", *Ethos*, 23, pp. 15-32.

Sergent, B., 1996. *Homosexualité et Initiation chez les peuples indo-européens*, Paris, Payot, p. 670.

Shafir, T., Angulo-Barroso, R., Calatroni, A., Jimenez, E. & Lozoff, B., 2006. "Effects of iron deficiency in infancy on patterns of motor development over time", *Human Movement Science*, 25, pp. 821-838.

Shanley, D. P. & Kirkwood, T. B L., 2002. "Evolution of the human menopause", *BioEssays*, 23, pp. 282-287.

Shaywitz, B. A., Shaywitz, S. E., Pugh K. R., Constable, R. T., Skudlawski, P., Fulbright, R. K., Bronen, R. A., Fletcher, J. M., Shankwiler, D. P., Katz, L. & Gore, J. C., 1995. "Sex differences in the functional organization of the brain for language", *Nature*, 373, pp. 607-609.

Sheldon, B. C. & Ellegren, H., 1998. "Paternal effort related to experimentally manipulated paternity of male collared flycatchers", *Proceedings of the Royal Society of London*, B 265, pp. 1737-1742.

Sherman, P. W., 1998. "The evolution of menopause", *Nature*, 392, pp. 759-760.

Sicotte, P., 2002. "Female mate choice in mountain gorillas", in *Mountain Gorillas : three decades of research at Karisoke* (Robbins, M. M., Sicotte, P. & Stewart, K. J., dir.), Cambridge, Cambridge University Press, pp. 59-87.

Simoons, F. J., 1978. "The geographic hypotheses and lactose malabsorption", *Digestive Diseases*, 23, pp. 963-980.

Simopoulos, A. P., 1999. "Genetic variation and nutrition", in *Evolutionary aspects of nutrition and health* (Simopoulos, A. P., dir.), Bale, Karger, pp. 118-140.

Skuse, D. H., 2000. "Imprinting, the X-chromosome, and the male brain : explaining sex difference in the liability to autism", *Pediatric Research*, 47, pp. 9-16.

Smith, P. K., 1982. "Does play matter? Functional and evolutionary aspects of animal and human play", *Behavioral and Brain Sciences*, 5, pp. 139-184.

Soffritti, M., Belpoggi, F., Degli Esposti, D., Lambertini, L., Tibaldi, E. & Rigano, A., 2006. "First experimental demonstration of the multipotential carcinogenic effects of aspartame administered in the feed to Sprague-Dawley rats", *Environmental Health Perspectives*, 114, pp. 379-385.

Sommer, I. E., Aleman, A., Bouma, A. & Kahn, R. S., 2004. "Do women really have more bilateral language representation than men? A meta-analysis of functional imaging studies", *Brain*, 127, pp. 1845-1852.

Spielman, R. S., Bastone, L. A., Burdick, J. T., Morley, M., Ewens, W. J. & Cheung, V. G., 2007. "Common genetic variants account for differences in gene expression among ethnic groups", *Nature Genetics*, 39, pp. 226-231.

Stinson, S., 1992. "Nutritional adaptation", *Annual Review of Anthropology*, 21, pp. 143-170.

Sulloway, F. J., 1992. "Reassessing Freud's case histories : the social construction of psychoanalysis", *Isis*, 82, pp. 245-275 (pdf à http://www.sulloway.org/pubs.html).

Sulloway, F. J., 1995. "Birth order and evolutionary psychology : a meta-analytic review", *Psychological Inquiry*, 6, pp. 78-80.

Sulloway, F. J., 1996. *Born to Rebel*, New York, Pantheon Books, p. 653. | 프랭크 설로웨이, 《타고난 반항아》, 사이언스북스(2008)

Sulloway, F. J., 2002. "Birth order, sibling competition, and human behavior", in *Conceptual Challenges in Evolutionary Psychology: innovative research strategies* (Davies, P. S. & Holcomb, H. R., dir.), Boston, Kluwer Academic Publishers, pp. 39-83.

Summers, R. W., Elliott, D. E., Urban, J. F., Thompson, R. & Weinstock, J. V., 2005. "Trichuris suis therapy in Crohn's disease", *Gut*, 54, pp. 87-90.

Surridge, A. K., Osorio, D. & Mundy, N. I., 2003. "Evolution and selection of trichromatic vision in primates", *Trends in Ecology and Evolution*, 18, pp. 198-205.

Svanes, C., Jarvis, D., Chinn, S. & Burney, P., for the European Community Respiratory Health Survey, 1999. "Childhood environment and adult atopy : results from the European Community Respiratory Health Survey", *Journal of Allergy and Clinical Immunology*, 103, pp. 415-420.

Sverdrup, H. U., 1938. *With the People of the Tundra*, Oslo, Gyldendal Norsk Forlag, p. 175.

Swithers, S. E. & Davidson, T. L., 2008. "A role for sweet taste: calorie predictive relations in energy regulation by rats", *Behavioral Neuroscience*, 122, pp. 161-173.

Tabet, P., 2004. *La Grande Arnaque. Sexualité des femmes et échanges économico-sexuels*, Paris, L'Harmattan, p. 210.

Takahata, Y., Koyama, N. & Suzuki, S., 1995. "Do the old aged females experience a long post-reproductive life span?: the cases of japanese macaques and chimpanzees", *Primates*, 36, pp. 169-180.

Tallal, P., 1992. "Hormonal influences in developmental learning disabilities", *Psychoneuroendocrinology*, 16, pp. 203-211.

Tamisier, J.-C., 1998. *Dictionnaire des peuples*, Paris, Larousse, p. 413.

Temple, J. L., Giacomelli, A. M., Kent, K. M., Roemmich, J. N. & Epstein, L. H., 2007. "Television watching increases motivated responding for food and energy intake in children", *American Journal of Clinical Nutrition*, 85, pp. 355- 361.

The Alpha-Tocopherol Beta-Carotene Cancer Prevention Study Group, 1994. "The effect of vitamin E and beta- carotene on the incidence of lung cancer and other cancers in male smokers", *New England Journal of Medicine*, 330, pp. 1029-1035.

Thomas, J. R. & French, K. E., 1985. "Gender differences across age in motor performance: a meta-analysis", *Psychological Bulletin*, 98, pp. 260-282.

Thompson, M. E., Jones, J. H., Pusey, A. E., Brewer- Marsden, S., Goodall, J., Marsden, D., Matsuzawa, T., Nishida, T., Reynolds, V., Sugiyama, Y. & Wrangham, R. W., 2007. "Aging and fertility patterns in wild chimpanzees provide insights into the evolution of menopause", *Current Biology*, 17, pp. 2150-2156.

Tice, K. E., 1995. *Kuna Crafts, Gender, and the Global Economy*, Austin, University of Austin Press, p. 232.

Tilly, A., 1986. *Mémoires du comte Alexandre de Tilly, pour servir à l'histoire des mœurs de la fin du XVIIIe siècle*, Paris, Mercure de France, p. 703.

Tishkoff, S. A., Reed, F. A., Ranciaro, A., Voight, B. F., Babbitt, C. C., Silverman, J. S., Powell, K.,

Mortensen, H. M., Hirbo, J. B., Osman, M., Ibrahim, M., Omar, S. A., Lema, G., Nyambo, T. B., Ghori, J., Bumpstead, S., Pritchard, J. K., Wray, G. A. & Deloukas, P., 2007. "Convergent adaptation of human lactase persistence in Africa and Europe", *Nature Genetics*, 39, pp. 31-40.

Todd, E., 1999. *La Diversité du monde*, Paris, Le Seuil, p. 443.

Trevathan, W. R., 1999. "Evolutionary obstetrics", in *Evolutionary Medicine* (Trevathan, W. R., Smith, E. O. & McKenne, J. J., dir.), Oxford, Oxford University Press, pp. 183-207.

Trivers, R. L., 1972. "Parental investment and sexual selection", in *Sexual Selection and the Descent of Man* (Campbell, B., dir.), Chicago, Aldine, pp. 56-110.

Trivers, R. L., 1974. "Parent-offspring conflict", *American Zoologist*, 14, pp. 249-264.

Trock, B. J., Hilakivi-Clake, L. & Clarke, R., 2006. "Meta-analysis of soy intake and breast cancer risk", *Journal of the National Cancer Institute*, 98, pp. 459-471.

Trock, B. J., White, B. L., Clarke, R. & Hilakivi-Clarke, L., 2000. "Meta-analysis of soy intake and breast cancer risk", *Journal of Nutrition*, 130, pp. 653S-680S.

Trumbach, R., 1989. "Sodomitical assaults, gender role and sexual development in eighteenth-century London", in *The Pursuit of Sodomy : male homosexuality in Renaissance and Enlightenment Europe* (Gerad, K., Hekma, G., dir.), London, Haworth Press, pp. 407-429.

Trumbach, R., 1992. "Sex, gender and sexual identity in modern culture : male sodomy and female prostitution in Enlightenment London", *Journal of the History of Sexuality*, 2, pp. 186-203.

Tymicki, K., 2004. "Kin influence on female reproductive behavior : the evidence from reconstitution of the Bejsce parish registers, 18th to 20th centuries, Poland", *American Journal of Human Biology*, 16, pp. 508- 522.

Vallin, J., 1982. "La mortalité maternelle en France", *Population*, 36, pp. 950-953.

Van Aarde, R. J., 1980. "Harem structure of the southern elephant seal Mirounga leonina at Kerguelen Island", *Revue d'écologie, Terre et Vie*, 34, pp. 31-44.

Van Beijsterveldt, C. E. M., Hudziak, J. J. & Boomsma, D. I., 2006. "Genetic and environmental influences on cross-gender behavior and relation to behavior problems : a study of Dutch twins at ages 7 and 10 years", *Archives of Sexual Behavior*, 35, pp. 647-658.

Van den Berghe, P. L., 1987. "Comments on "The Westermarck-Freud incest-theory debate" from D. H. Spain", *Current Anthropology*, 28, pp. 638-639.

Van den Biggelaar, A. H., Rodrigues, L. C., Van Ree, R., Van der Zee, J. S., Hoeksma-Kruize, Y. C. M., Souverijn, J. H. M., Missinou, M. A., Borrmann, S., Kremsner, P. G. & Yazdanbakhsh, M., 2004. "Longterm treatment of intestinal helminths increases mite skin-test reactivity in Gabonese schoolchildren", *Journal of Infectious Disease*, 189, pp. 892-900.

Van Gulik, R., 1971. *La Vie sexuelle dans la Chine ancienne*, Paris, Gallimard, p. 466.

Van Odijk, J., Kull, I., Borres, M. P., Brandtzaeg, P., Edberg, U., Hanson, L. Å., Høst, A., Kuitunen, M., Olsen, S. F., Skerfving, S., Sundell, J. & Wille, S., 2003. "Breastfeeding and allergic disease :

a multidisciplinary review of the literature (1966-2001) on the mode of early feeding in infancy and its impact on later atopic manifestations", *Allergy*, 58, pp. 833-843.

Van Schaik, C. P. & Janson, C. H., 2000. *Infanticide by males and its implications*, Cambridge, Cambridge University Press, p. 569.

Vasey, P. L., Pocock, D. S. & VanderLaan, D. P., 2007. "Kin selection and male androphilia in Samoan fa'afafine", *Evolution and Human Behavior*, 28, pp. 159- 167.

Vawter, M. P., Evans, S., Choudary, P., Tomita, H., Meador-Woodruff, J., Molnar, M., Li, J., Lopez, J. F., Myers, R., Cox, D., Watson, S. J., Akil, H., Jones, E. G. & Bunney, W. E., 2004. "Gender-specific gene expression in post-mortem human brain: localization to sex chromosomes", *Neuropsychopharmacology*, 29, pp. 373-384.

Veyne, P., 1982. "L'homosexualité à Rome", *L'Histoire*, 30, p. 76-78. Republié dans Veyne, P., 2005. *Sexe et Pouvoir a Rome*, Paris, Tallandier, pp. 187-195.

Veyne, P., 1999. "L'Empire romain", in *Histoire de la vie privée. 1. De l'Empire romain à l'an mil* (Aries, P. & Duby, G., dir.), Paris, Le Seuil, pp. 17-213.

Vickers, A. J., 2000. "Clinical trials of homeopathy and placebo : analysis of a scientific debate", *Journal of Alternative and Complementary Medicine*, 6, pp. 49-56.

Villeneuve-Gokalp, C., 2005. "Conséquences des rup- tures familiales sur le départ des enfants", in *Histoires de familles, histoires familiales. Les résultats de l'enquête Famille de 1999* (Lefèvre, C. & Filhon, A., dir.), Paris, INED, pp. 235-249.

Volker, S. & Vasey, P. L. (dir.), 2006. *Homosexual Behavior in Animals. An evolutionary perspective*, Cambridge, Cambridge University Press, p. 382.

Vos, D. R., 1995. "Sexual imprinting in zebra-finch females : do females develop a preference for males that look like their father?", *Ethology*, 99, pp. 252-262.

Waal, de, F. B. M. & Lanting, F., 1997. *Bonobo. The Forgotten Ape*, Berkeley, University of California Press, p. 210. | 프란스 드 왈, 《보노보》, 새물결(2003)

Waal, de, F. B. M., 1989. *Chimpanzee politics. Power and sex among apes*, London, Johns Hopkins University Press, p. 227. | 프란스 드 발, 《침팬지 폴리틱스》, 바다출판사(2004)

Walker, M. L., 1995. "Menopause in female rhesus monkeys", *American Journal of Primatology*, 35, pp. 59-71.

Waters, D. D., Alderman, E. L., Hsia, J., Howard, B. V., Cobb, F. R., Rogers, W. J., Ouyang, P., Thompson, P., Tardif, J.-C., Higginson, L., Bittner, V., Steffes, M., Gordon, D. J., Proschan, M., Younes, N. & Verter, J. I., 2002. "Effects of hormone replacement therapy and antioxidant vitamin supplements on coronary atherosclerosis in postmenopausal women. A randomized control trial", *The Journal of the American Medical Association*, 288, pp. 2432-2440.

Wayne, B. J., Kaptchuk, T. J. & Linde, K., 2003. "A critical overview of homeopathy", *Complementary and Alternative Medicine series*, 138, pp. 393-399.

Weinberg, E. D., 1984. "Iron withholding: a defense against infection and neoplasia", *Physiological Reviews*,64, pp. 65-102.

Weisfeld, G., 1999. *Evolutionary principles of human adolescence*, New York, Basic Books, p. 401.

Whitam, F. L., Diamond, M. & Martin, J., 1993. "Homosexual orientation in twins : a report on 61 pairs and three triplet sets", *Archives of Sexual Behavior*, 22, pp. 187-206.

Wilcox, A. J., Lie, R. T., Solvoll, K., Taylor, J., McConnaughey, D. R., Åbyholm, F., Vindenes, H. V., Stein, E. & Drevon, C. A., 2007. "Folic acid supplements and risk of facial clefts: national population based case-control study", *British Medical Journal*, 334, pp. 464-470.

Williams, G. C. & Nesse, R. M., 1992. "The dawn of Darwinian medicine", *Quarterly Review of Biology*, 66, pp. 1-22.

Williams, G. C., 1957. "Pleiotropy, natural selection, and the evolution of senescence", *Evolution*, 11, pp. 398-411.

Wirth, M., Horn, H., Koenig, T., Stein, M., Federspiel, A., Meier, B., Michel, C. M. & Strik, W., 2007. "Sex differences in semantic processing: Event-related brain potentials distinguish between lower and higher order semantic analysis during word reading", *Cerebral Cortex*, 17, pp. 1987-1997.

Wismer Fries, A. B., Ziegler, T. E., Kurian, J. R., Jacoris, S. & Pollak, S., 2005. "Early experience in humans is associated with changes in neuropeptides critical for regulating social behavior", *Proceedings of the National Academy of Sciences, USA*, 102, pp. 17237-17240.

Wrangham, R. & Peterson, D., 1996. *Demonic Males. Apes and the origins of human violence*, Boston, Houghton Mifflin Company, p. 350.

Wright, J., 1998. "Paternity and paternal care", in *Sperm Competition and Sexual Selection* (Birkhead, T. R. & Møller, A. P., dir.), New York, Academic Press, pp. 117-145.

Wylie-Rosett, J., Segal-Isaacson, C. J. & Segal-Isaacson, A., 2004. "Carbohydrates and increases in obesity: does the type of carbohydrate make a difference?", *Obesity Research*, 12, pp. 124S-129S.

Xavier, R. J. & Podolsky, D. K., 2007. "Unravelling the pathogenesis of inflammatory bowel disease", *Nature*, 448, pp. 427-434.

Yamagiwa, J., 2006. "Playful encounters: the development of homosexual behavior in male mountain gorillas", in *Homosexual Behavior in Animals. An evolutionary perspective* (Volker, S. & Vasey, P. L., dir.), Cam- bridge, Cambridge University Press, pp. 273-293.

Yang, M. S. & Gill, M., 2007. "A review of gene linkage, association and expression studies in autism and an assessment of convergent evidence", *International Journal of Developmental Neuroscience*, 25, pp. 69-85.

Yang, N., MacArthur, D. G., Gulbin, J. P., Hahn, A. G., Beggs, A. H., Easteal, S. & North, K., 2003. "ACTN3 genotype is associated with human elite athletic performance", *American Journal of*

우리는 왜 먹고, 사랑하고, 가족을 이루는가?

Human Genetics, 73, pp. 627-631.

Yang, X., Schadt, E. E., Wand, S., Wand, H., Arnold, A.P., Ingram-Drake, L., Drake, T.A. & Lusis, A. J., 2006. "Tissue-specific expression and regulation of sexually dimorphic genes in mice", *Genome Research*, 16, pp. 995- 1004.

Zhou, Q., O'Brien, B. & Relyea, J., 1999. "Severity of nausea and vomiting during pregnancy: what does it predict?", *Birth*, 26, pp. 108-114.

Ziegler, E., 1967. "Secular changes in the stature of adults and the secular trend of modern sugar consumption", *Zeitschrift für Kinderheilkunde*, 99, pp. 146-166.

Zvoch, K., 1999. "Family type and investment in education : a comparison of genetic and step-parent families", *Evolution and Human Behavior*, 20, pp. 453-464.